Röntgenapparate

für die zerstörungsfreie Prüfung von Schweißnähten an

**Brückenkonstruktionen
Hochdruckbehältern
Feuerbuchsen**

sowie für die Durchleuchtung von

**Leichtmetall- und
Stahlgußstücken**

Röntgenapparate

für

Feinstrukturuntersuchung

Unsere Spezialingenieure stehen Ihnen auf Anforderung gern zur kostenlosen Beratung über die Röntgenprüfung zur Verfügung

Röntgen-Apparate für Material-Untersuchung

**RICH. SEIFERT & CO.
HAMBURG 13**

Leitz PANPHOT

Das neue Metall-Mikroskop mit Spiegelreflexkamera

für alle Arbeiten im Hellfeld, Dunkelfeld und im polarisierten Licht

für Auflichtmikroskopie bei vollkommen reflexfreier Beleuchtung mit dem Polarisations-Ultropak

für metallographische, erz- und kohlenpetrographische Untersuchungen mit dem Opak-Illuminator

sowie für Übersichtsaufnahmen großer Objekte.

● Fordern Sie unsere Druckschrift „Met.-Panphot" u. unverbindliches Angebot.

Ernst Leitz
Wetzlar

GUT ODER AUSSCHUSS?
schnelle und genaue Ermittlung mit
FRANK-HÄRTEPRÜFER

KARL FRANK, MANNHEIM
Prüfmaschinenbau

Maschinen für die Baustoffprüfung
nach den verschiedenen
Normen und Vorschriften

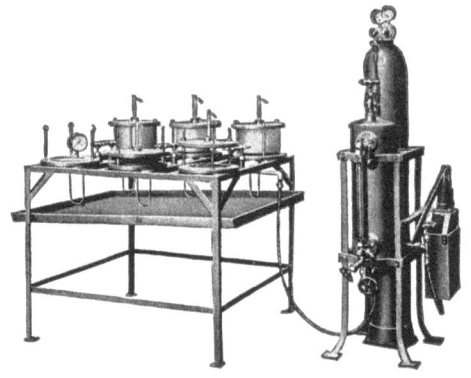

Wasserdurchlässigkeitsprüfer für Betonproben nach DIN V 4029

OSCAR A. RICHTER
DRESDEN-A.1, Güterbahnhofstraße 8

Hunderttausende Helfer stehen freiwillig in der Front des WHW. Selbstverständlich ist ihnen dieses Opfer!

Materialprüfapparate
für den Kleinbetrieb
Brinellpressen
Zerreißmaschinen

Oscar Heins
Maschinenfabrik
Eisenach 2
in Thüringen

100 t Pulsieranlage

AMSLER-Werkstoff-Prüfmaschinen
jeder Art und Größe

für Forschung und Betrieb

für statische und dynamische Versuche

Zerreißmaschinen von 1 kg bis 500 Tonnen, sowie sämtliche für die Materialprüfung erforderlichen Hilfsgeräte

ALFRED J. AMSLER & CO., Schaffhausen (Schweiz)

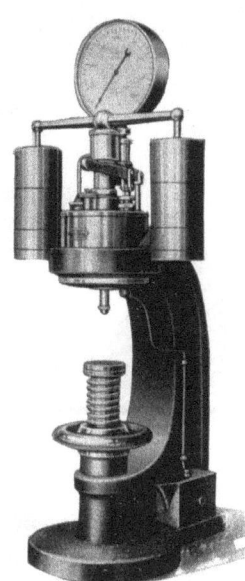

DUROMETER

Apparat für die Härteprüfung nach Rockwell und Kugeldruckproben von 15,6 bis 250 kg Belastung

DURANDO

Original Brinellpresse für Kugeldruckproben von 187,5 bis 3000 kg Belastung

Verlangen Sie unsere Druckschriften

Durometer · Durando

Reparaturen und Überholungen von Kugeldruckpressen „Alpha" werden in unserem Betrieb sorgfältig und preiswert ausgeführt

P. F. DUJARDIN & CO., DÜSSELDORF 74

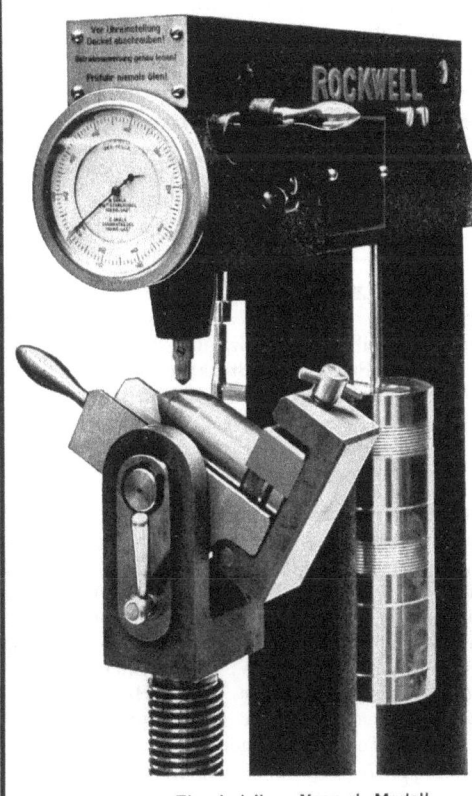

Einspindeliges Normal-Modell mit Sonder-Aufspannvorrichtung zum Prüfen von Geschossen

HÄRTEPRÜFER ORIGINAL ROCKWELL

ÜBER ALLE WELT VERBREITET

SUPER ROCKWELL

für die Härteanzeige weicher Werkstoffe, dünner Bleche und Einsatzhärteschichten

M. KOYEMANN NACHF.
PUCHSTEIN & CO, DÜSSELDORF

4 Mitteilungen der deutschen Materialprüfungsanstalten. Sonderheft XXXIII.

Wir bauen und liefern

Prüfmaschinen und Prüfgeräte

nach den

Deutschen Normen für Portlandzement, Eisenportlandzement und Hochofenzement (DIN 1164)

Bestimmungen des Deutschen Ausschusses für Eisenbeton

Vorschriften für die Prüfung und Lieferung von Asphalt und Teer (DIN 1995/96)

Anweisungen für Mörtel und Beton (AMB) und

Anweisungen für die Abdichtung von Ingenieurbauwerken (AIB) der Deutschen Reichsbahngesellschaft

Richtlinien für Fahrbahndecken der Reichsautobahnen und anderen in- und ausländischen Vorschriften

CHEMISCHES LABORATORIUM FÜR

TONINDUSTRIE

PROF. DR. H. SEGER & E. CRAMER KOM.-GES.

ABT. PRÜFMASCHINENBAU

BERLIN NW 21, DREYSESTR. 4

Der Sammler und Helfer des WHW.
steht freiwillig im Dienste des Volkes.
Achte ihn durch Dein Opfer!

Sämtliche in diesem Heft angezeigten Bücher sind durch alle Buchhandlungen zu beziehen.

Deutsche Austausch-Werkstoffe. Von Professor Dipl.-Ing. **H. Bürgel** VDI, VAM, Chemnitz. (Schriftenreihe Ingenieurfortbildung, zweites Heft.) Mit 84 Abbildungen und 23 Zahlentafeln. VIII, 154 Seiten. 1937. RM 6.60

Technologie der Zinklegierungen. Von Dr.-Ing. **Arthur Burkhardt**, Magdeburg. (Reine und angewandte Metallkunde in Einzeldarstellungen, erster Band. Herausgegeben von W. Köster.) Mit 413 Abbildungen. IX, 256 Seiten. 1937. RM 30.—; gebunden RM 31.50

Materialprüfung mit Röntgenstrahlen unter besonderer Berücksichtigung der Röntgenmetallkunde. Von Dr. **Richard Glocker**, Professor für Röntgentechnik an der Technischen Hochschule Stuttgart. Zweite, umgearbeitete Auflage. Mit 315 Abbildungen. V, 386 Seiten. 1936. Gebunden RM 33.—

Elektronentheorie der Metalle. Von Dr. **Herbert Fröhlich**, Bristol. („Struktur und Eigenschaften der Materie", Band XVIII.) Mit 71 Abbildungen. VII, 386 Seiten. 1936. RM 27.—; gebunden RM 28.80

Kristallplastizität mit besonderer Berücksichtigung der Metalle. Von Professor Dr. **E. Schmid**, Freiburg/Schweiz, und Dr.-Ing. **W. Boas**, Freiburg/Schweiz. („Struktur und Eigenschaften der Materie", Band XVII.) Mit 222 Abbildungen. X, 373 Seiten. 1935. RM 32.—; gebunden RM 33.80

Elektrotechnische Isolierstoffe. Entwicklung. Gestaltung. Verwendung. Vorträge von H. Burmeister, W. Eitel, W. Estorff, W. Fischer, K. Franz, G. Pfestorf, R. Vieweg, W. Weicker. Veranstaltet durch den Bezirk Berlin-Brandenburg des **Verbandes Deutscher Elektrotechniker** — vorm. Elektrotechnischer Verein e. V. — in Gemeinschaft mit dem **Außeninstitut der Techn. Hochschule Berlin.** Herausgegeben von **R. Vieweg**, Darmstadt. Mit 235 Textabbildungen und 2 Tafeln. IX, 295 Seiten. 1937. RM 18.30; gebunden RM 19.80

VERLAG VON JULIUS SPRINGER IN BERLIN

Kodak - Röntgenfilm

hochempfindlich · klar

kontrastreich

immer gleichmäßig

KODAK AG · BERLIN SW 68 · LINDENSTR. 27

Holzschutz
durch die Xylamon-Technik

auf der Grundlage flüssiger, schwerflüchtiger Atemgifte

durch Anstrich, Spritzen, Tauchen oder Bohrlochimpfung

gegen Hausbock und Holzwürmer

gegen Hausschwamm und Trockenfäule

gegen Kiefernbläue und Buchenstocken

Man verlange technische Beratung und Arbeitsvorschriften!

CONSOLIDIRTE ALKALIWERKE WESTEREGELN
Abt. Hannover, Hannover 1, Königstr. 6 ● Schließfach 440, Fernsprech-Sammel-Nr. 515 25

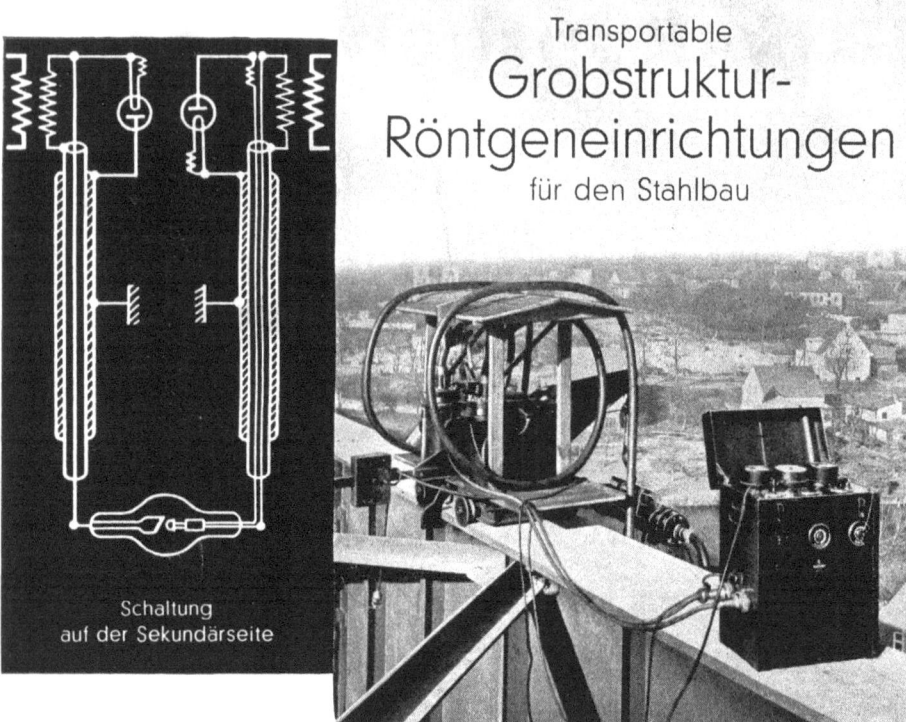

Leitgedanken einer neuzeitlichen Werkstoff-Forschung

Herausgegeben vom

Präsidenten des Staatlichen Materialprüfungsamts Berlin-Dahlem

anläßlich der Hauptversammlung des Deutschen Verbandes
für die Materialprüfungen der Technik
in Düsseldorf, am 7. Oktober 1937.

Mit 79 Abbildungen und 16 Tabellen

(Ausgegeben am 7. Oktober 1937)

Mitteilungen der deutschen Materialprüfungsanstalten, Sonderheft XXXIII
Staatliches Materialprüfungsamt Berlin-Dahlem

Berlin
Verlag von Julius Springer
1937

ISBN-13: 978-3-642-93759-0   e-ISBN-13: 978-3-642-94159-7
DOI: 10.1007/ 978-3-642-94159-7

Inhalt

	Seite	Bildgruppe
Schrifttum- und Herkunft-Nachweis zu den Bildgruppen	2	
Vorwort des Herausgebers:		
Die Bedeutung einer allgemein- und grenzwissenschaftlichen Grundlegung der Werkstoff-Forschung und -Prüfung	3	
A. Die theoretischen Grundlagen einer neuzeitlichen Werkstoff-Forschung	5	A I bis A VI
I. Systematik Bleibender Formänderungen; als Arbeits-Grundlage für Werkstoff-Forschung und -Prüfung. Von E. Seidl	5	
1. Die Systematik Bleibender Formänderungen in Beziehung zur Elastizitätslehre	5	
2. Die für die Lösung des Problems grundlegend in Betracht kommenden Umstände	6	
3. Begriffsbestimmungen Von A. Lambertz	6	
4. Notwendige Arbeitshypothesen	8	
a) Das „Formungs-Prinzip"	8	
b) Das „Individual-Prinzip"	9	
5. Für Verformungs-Untersuchungen dienliche Einteilungen der Körper	10	
a) Einteilung der Körper nach den geometrischen Verhältnissen	10	
b) Einteilung der Körper nach den (im technischen Sinne) stofflichen Verhältnissen	10	
c) Einteilung technischer Körper nach dem Verwendungszweck	10	
6. Hauptsächliche allgemein-wissenschaftliche und praktische Ergebnisse, die für die Werkstoff-Forschung und -Prüfung von Bedeutung sind	11	
a) Feststellung der Reihenfolge, in der die Umstände, welche eine Formänderung bei gegebener Beanspruchung bestimmen, merklich in Erscheinung treten	11	
b) Richtlinien für einen planmäßigen Aufbau technischer Körper	12	
7. Tabellen des geometrischen Aufbaus technischer Körper	12	
II. Neuzeitliche Werkstoff-Mechanik; als theoretische Grundlage der Werkstoff-Formgebung und -Prüfung. Von W. Kuntze	21	
1. Allgemeine Begründung einer „Werkstoff-Mechanik"	21	
2. Ergänzung der elastischen Mechanik durch die Werkstoff-Mechanik	23	A VII u. A VIII
3. Die Erscheinungen, welche eine Werkstoff-Mechanik bedingen	23	
a) Geometrischer Aufbau und Stoff (im technischen Sinne)	23	
b) Vorgeschichte und Energiegehalt	25	
c) Die Beanspruchung der Körper	25	
4. Bewertung der Werkstoff-Mechanik als Wissenschaft	26	
B. Einordnung der wichtigsten Werkstoff-Gruppen in die Systematik Bleibender Formänderungen; bearbeitet von den fachwissenschaftlichen Abteilungen des Staatlichen Materialprüfungsamts Berlin-Dahlem	29	
I. Anorganische Vollkörper	30	
1. Metall-Körper	30	B I
2. Naturstein-Körper	33	B II
3. Beton-Bauten	37	
4. Glas-Körper	38	B III
II. Organische Vollkörper	42	
1. Organische Kunststoff-Körper	42	B IV
2. Papier-Körper	45	B V
3. Leder-Körper	48	B VI
III. Skelettartig aufgebaute Körper	50	
1. Stahl-Bauten (Hoch- und Brücken-Bauten)	50	B VII
2. Eisenbeton-Bauten	52	
3. Holz-Körper	53	B VIII
4. Gespinst- und Gewebe-Körper (Textilien)	56	B IX
C. Elastische Formänderungen als Normalfall, Bleibende Formänderungen als Grenzfall; erläutert am Beispiel des Maschinenbaus. Von E. Lehr	59	
I. Dauerbruch, Hysteresis und „Trainier"-Wirkung als Folgen Bleibender Formänderungen	59	
II. Die Arbeitsverfahren zur praktischen Lösung des Festigkeits-Problems	60	
1. Ermittlung der Spannungsverteilung durch statische Dehnungsmessungen	60	C I
2. Die Ermittlung der im Betriebszustand tatsächlich wirkenden Kräfte und Beanspruchungen	60	C II
3. Die Dauerfestigkeit des Werkstoffs und ihre Abhängigkeit von Form und Größe des Werkstücks	61	C III
III. Ausblick	62	

Geleitwort

Im nationalsozialistischen Staat gilt der Grundsatz, daß die Wissenschaft in der Behandlung ihrer Aufgaben frei ist, daß aber die Zielsetzung der Forschung staatspolitisch bedingt ist.

Außer dieser Vorzeichnung der großen Richtlinien ist aber auch noch in anderer Hinsicht die Möglichkeit einer fördernden Einflußnahme auf die wissenschaftliche Forschungstätigkeit gegeben.

Mehr und mehr tritt das Bedürfnis zutage, daß die im Laufe der Zeit fast bis zu gegenseitigem Nichtverstehen voneinander abgesonderten Wissenszweige wieder an die gemeinsamen Grundlagen herangeführt werden. Solche Brücken der Verständigung werden durch planmäßige allgemein- und grenzwissenschaftliche Forschungen geschlagen.

In diesem Sinne begrüße ich den auf dem umfangreichen Gebiete der Werkstoff-Forschung unternommenen Versuch, die vielfach auseinanderstrebenden Zweige einerseits und die angrenzenden Wissenschaften anderseits durch systematische Untersuchungen wieder zusammenzuführen. Gerne werde ich solche Bestrebungen mit den mir kraft meines Amtes zur Verfügung stehenden Mitteln unterstützen.

Berlin, den 30. September 1937

Der Reichs- und Preußische Minister für Wissenschaft, Erziehung und Volksbildung

Schrifttum- und Herkunft-Nachweis zu den Bildgruppen

Die Angaben der Seiten und Abbildungen befinden sich bei den betreffenden Bildern

(1) AEG = Allgemeine Elektrizitäts-Gesellschaft, A. G., Berlin

(2a) Böhme Fettchemie-G.m.b.H., Chemnitz; Mikro- und Kino-Laboratorium

(2b) C. Cranz: Lehrbuch der Ballistik. II. Bd. Berlin: Julius Springer 1926

(2c) DVL = Deutsche Versuchsanstalt für Luftfahrt e. V., Berlin-Adlershof

(3) R. Glocker: Materialprüfung mit Röntgenstrahlen. Julius Springer: Berlin 1936. 2. Aufl.

(4) M. Grüning: Der Eisenbau. I. Bd. Julius Springer: Berlin 1929

(5) L. Jablonski: Das Leder. Berlin: Atlas-Verlag Dr. Alterthum & Co.

(6a) W. Kuntze: Einfluß ungleichförmig verteilter Spannungen auf die Festigkeit von Werkstoffen. Ber. üb. d. Tag. d. Fachaussch. f. Maschinenelem. Aachen 1935. VDI-Verlag 1936. S. 8—16

(6b) W. Kuntze: Gesetzmäßige Abhängigkeit der Biegewechselfestigkeit von Probengröße und Kerbform. Ber. Nr. 363 Werkstoffaussch., V. d. Eisenh. S. 307—311

(6c) W. Kuntze: Gestaltliche Gefügebeschreibung als aussichtsreiche Grundlage der mechanischen Werkstoff-Beurteilung. Mitt. dtsch. Mat.-Prüf.-Anst. Sonderh. XXXII (1937) S. 85—88

(7a) E. Lehr: Dehnungsmesser mit sehr kleiner Meßstrecke und Anzeige mit Sperrschicht-Photozelle. ZVDI Bd. 80 (1936) Nr 27, S. 842

(7b) E. Lehr u. H. Granacher: Forschg. Ing.-Wes. Bd. 7 (1936) Nr 2, S. 66

(7c) E. Lehr u. K. Seidl: Modellversuche über Spannungsverteilung und Formänderung im Bergbau. Forschungsheft 372, Ausgabe B, Bd. 6 Mai/Juni 1935, VDI-Verlag. Berlin 1935

(8) R. Mailänder: Dauerbrüche und Dauerfestigkeit. Kruppsche Mh. (1932) S. 56—81

(9a) M.P.A. = Staatliches Materialprüfungsamt Berlin-Dahlem

(9b) Normblatt DIN 7701 Kunstharz-Preßstoffe, warm gepreßt. Beuth-Verlag G.m.b.H.: Berlin 1936

(10) M. v. Schwarz: Die Grundlagen der Materialdurchleuchtung mit Röntgenstrahlen. Bd. I: Die Ergebnisse der technischen Röntgenkunde. Leipzig: Akadem. Verlagsges. 1930

(11) E. Scheil: Über die Umwandlung des Austenits in Marbensit in Eisen-Nickellegierungen unter Belastung. Z. anorg. allg. Chem. Bd. 207 (1932) S. 21—40

(12a) E. Seidl u. E. Schiebold: Das Verhalten inhomogener Aluminium-Gußblöckchen beim Kaltwalzen. Berlin: VDI-Verl. 1925. Erw. S. Abdr. a. d. „Z. f. Metallkunde"

(12b) E. Seidl: Bruch- und Fließ-Formen der Technischen Mechanik und ihre Anwendung auf Geologie und Bergbau. Bd. V: Krümmungs-Formen. VDI-Verl.: Berlin 1934

(12c) E. Seidl: Bergbauwirkungen im Nebengestein. Sd. Haus der Technik „Techn. Mitt." H. 11, 17/37, Essen Juni 1937

(13) E. Traub: Holzbauweisen im Hoch-, Brücken- und Funkturmbau. Bauing. 15. Jg. (1934) S. 485—491

(14) H. Unckel: Über die Fließbewegung in plastischem Material, das aus einem Zylinder durch eine konzentrische Bodenöffnung gepreßt wird, mit besonderer Berücksichtigung des Dickschen Strangpreßverfahrens. Julius Springer: Berlin 1928

(15) J. A. Wilson: Die Chemie der Lederfabrikation. 2. Bd. Julius Springer: Wien 1931

Vorwort des Herausgebers
Die Bedeutung einer allgemein- und grenzwissenschaftlichen Grundlegung der Werkstoff-Forschung und -Prüfung

Seit Errichtung der ersten staatlichen und privaten Materialprüfungsanstalten vor mehr als 40 Jahren hat, entsprechend der stürmischen Sonder-Entwicklung der verschiedensten Zweige der Naturwissenschaften — namentlich der angewandten Naturwissenschaften — auch die Werkstoff-Kunde sich als ein solches Sondergebiet herauskristallisiert. Mehr und mehr verlangt die Beurteilung der neuzeitlichen Werkstoff-Fragen ein sehr hohes Maß von Sonder-Kenntnissen und Erfahrungen.

Da diese Entwicklung zum großen Teil außerhalb der Hochschulen erfolgte, so fiel auch — nicht zum Schaden der Sache — die Bindung an die dort bestehende Einteilung nach Fakultäten und Fächern fort.

Je vielfältigere Abzweigungen von den alten naturwissenschaftlichen Hauptstämmen sich aber mit fortschreitender Erkenntnis herausbildeten, desto stärker trat naturgemäß das Bedürfnis hervor, durch planmäßig angelegte Verbindungen die auseinanderstrebenden Wissenszweige wieder in engere Beziehung zueinander zu bringen.

So gilt es nun, für das auch seinerseits bereits wieder weitverzweigte Gebiet der Werkstoff-Kunde, einesteils durch planmäßige Grenzgebiets-Forschungen derartige Beziehungen herzustellen und andernteils mittels einer grundsätzlich allgemein-wissenschaftlichen Denk- und Arbeitsweise auf die Grundgesetze zurückzugehen, aus denen sich die Forschungs-Ergebnisse dieses oder jenes Teilbereichs herleiten. In manchen Fällen ist es auch förderlich, die Erforschung der „toten" Materie durch Gedankengänge zu beleben, zu denen das Studium der organisierten Materie anregt, das ja dem Menschen als einem Wesensteil der lebendigen Natur am nächsten liegt.

Fruchtbare Analogien zwischen der „leblosen" Materie, die hauptsächlich Gegenstand der Werkstoff-Forschung ist, und der Organischen Natur bieten sich, wenn man bedenkt, daß Lebewesen „Individuen" bilden, daß deren mehrere zu einer Kampfgruppe zusammenstehen, also zu einer Ganzheit, der die einzelnen Teile mehr oder minder freiwillig dienen. Man kommt schließlich dazu, die Formen-Gesetze der belebten Materie und die Naturbedingtheit ihrer äußeren und inneren Gestaltung bis in die feinsten Stoffteile hinein zum Vorbild für technische Werkstoff-Schöpfungen zu nehmen.

Wird in dieser Weise der Gesichtswinkel der Betrachtung ausreichend weit bemessen, so findet sich oft ein Generalnenner, der manchmal in überraschend einfacher Weise für manche scheinbar ganz speziellen Fragen zu fruchtbaren Problemstellungen führt und Wege zur Lösung der Probleme weist.

Eine besonders reizvolle Analogie zwischen einem aus „toter" Materie bestehenden Körper und einem lebendigen, in diesem Falle sogar geistigen Organismus erlaubt die Anwendung einer im Bereich der Werkstoff-Kunde bedeutsamen Arbeitshypothese: des „Individual-Prinzips" (Kapitel A I, Abschnitt 4b) auf die geistige Körperschaft einer Forschungsstätte von der Art des Staatlichen Materialprüfungsamts Berlin-Dahlem. Dieses Prinzip besagt, wie hier kurz vorweggenommen sei, daß bei Zusammenfassung einer Anzahl in engerer Beziehung zueinander stehender Teilkörper zu einer Ganzheit diese etwas anderes und mehr ist, als nur die Summe der einzelnen Teile. Es dürfte nicht schwer sein, in diesem Individual-Prinzip eine Begründung für den Wert der in diesem besondersartigen Staatsamt ermöglichten Arbeitsweise zu erkennen.

Ausgehend vom Grundgedanken einer solchen Ganzheits-Betrachtung wurde von dem jetzigen Amtsleiter in den Jahren 1935 und 1936 eine neuzeitliche Umgestaltung und weitere Ausgestaltung der vorhandenen Einrichtungen des Staatlichen Materialprüfungsamts Berlin-Dahlem[1] durchgeführt.

Das Staatliche Materialprüfungsamt Berlin-Dahlem umfaßt nicht nur — in Gestalt von Abteilungen und Instituten — sämtliche hier in Betracht kommenden Zweige der angewandten Naturwissenschaften, sondern wurde auch absichtlich als Staatsamt in voller Selbständigkeit errichtet, nicht gebunden an eine Hochschule, unabhängig auch von jeglichem privatwirtschaftlichen oder Staatsbetrieb. So sind denn die Voraussetzungen sowohl für eine dem Wesen der neuzeitlichen „Wissenschaft vom Werkstoff" entsprechende Forschung als auch für nach jeder Seite hin unabhängige Prüfungen und Begutachtungen gegeben.

Mit ihrer Zusammenfassung zu einer einheitlichen Arbeits- und Forschungs-Gemeinschaft ergibt sich für die einzelnen Abteilungen und Institute die Möglichkeit und auch die Verpflichtung, wesentliche Einzelfragen grundsätzlich im Benehmen miteinander und im Sinne einer Gesamt-Verantwortlichkeit der Leitung des Amts zu behandeln.

Die zumeist schon vorhanden gewesenen fachwissenschaftlichen Abteilungen wurden insbesondere auch für die Aufgabestellungen des Vierjahresplans und der Rüstung ausgebaut.

Die Neuerrichtung allgemein-wissenschaftlicher Institute, nämlich für Werkstoff-Mechanik, Angewandte Physik, Angewandte Chemie und Werkstoff-Biologie, dient außer den eigenen vorausschauend allgemein- und grenz-wissenschaftlichen Arbeiten dem Zweck, die notwendigen wissenschaftlichen Querverbindungen zwischen den einzelnen Fachabteilungen herzustellen und dauernd lebendig zu erhalten.

Bei einer solchen Zusammensetzung und grundsätzlichen Einstellung dieses Staatsamts bietet sich dem

---

[1] Eine Übersicht über die Gliederung des Amtes am 1. April 1937 ist im Sonderheft XXXI der Mitt. d. d. Materialprüfungsanstalten „Kennzeichen und Gütezeichen als Mittel der amtlichen Verwaltung der Werkstoffprüfung und -forschung; Prüfungszeugnisse" abgedruckt.

Leiter desselben nunmehr die Möglichkeit, grenzwissenschaftliche und allgemein-wissenschaftliche Erkenntnisse von grundlegender Bedeutung weiteren Kreisen zu vermitteln und auch selbst mit einem Stab von jeweils geeignet ausgewählten Mitarbeitern planmäßig an der Lösung der betreffenden Probleme zu arbeiten. Damit läßt sich auch von der wissenschaftlichen und prüftechnischen Seite her die Lösung der vom Herrn Reichs-Wissenschaftsminister gestellten Aufgabe einer richtunggebenden Neuordnung zunächst der amtlichen deutschen Werkstoff-Prüfung und -Forschung vorbereiten. Bei einer derartigen wissenschaftlichen Untermauerung bietet sich zugleich die beste Gewähr für eine von Grund auf objektive und jede Einseitigkeit vermeidende Beurteilung praktischer Fälle.

Die grundlegenden Vorarbeiten, die seitens des Leiters des Staatlichen Materialprüfungsamts Berlin-Dahlem für die Durchführung dieser grenz- und allgemein-wissenschaftlichen Aufgabestellungen eingebracht und für die allgemeine Einstellung wie für manchen Sonderfall zur Verfügung gestellt werden konnten, sind niedergelegt in dem Werk

„Bruch- und Fließ-Formen der Technischen Mechanik und ihre Anwendung auf Geologie und Bergbau"[1].

Der — noch nicht veröffentlichte — Band I dieses Werks bringt eine „Systematik Bleibender Formänderungen", und zwar unter Herstellung der für diesen Bereich bisher noch fehlenden, aber für Werkstoff-Forschung und -Prüfung unerläßlichen Beziehungen zur Elastizitätslehre.

An der Vervollkommnung oder praktischen Erprobung dieser Systematik wurde, nachdem der erste Überblick dem zuständigen Fachkreis auf der Hauptversammlung des Deutschen Verbandes für die Materialprüfungen der Technik am 4. Dezember 1936 vorgelegt worden war, unter stetig zunehmendem Interesse der namhafteren Wissenschaftler des Amts und der wissenschaftlichen Freunde seines Leiters ständig kritisch gearbeitet.

Das bis jetzt vorliegende Ergebnis — soweit es den Kreis der Forscher auf dem Gebiet der Werkstoff-Kunde und auf den Grenzgebieten dieses Bereichs interessiert — ist in diesem Sonderheft in folgender Zusammenstellung mitgeteilt:

Vorangestellt ist die „Systematik Bleibender Formänderungen", ein auf die Belange der Werkstoff-Forschung und -Prüfung abgestellter Auszug aus dem Band I des Werks „Bruch- und Fließ-Formen . . .", der mit gütiger Genehmigung des VDI-Verlages hier vorweg abgedruckt wird. Es schließt an eine von Herrn Professor Dr. W. Kuntze entworfene „Neuzeitliche Werkstoff-Mechanik, als theoretische Grundlage der Werkstoff-Formgebung und -Prüfung". Die beiden Abhandlungen sind so aufeinander abgestimmt, daß daraus Ergänzungs-Möglichkeiten der Elastizitätslehre in gewissen Teilen des Bereichs der Bleibenden Formänderungen entnommen werden können.

Weiterhin wird in Ausarbeitungen der verschiedenen fachwissenschaftlichen Abteilungen und Institute des Staatlichen Materialprüfungsamts Berlin-Dahlem gezeigt, daß die wichtigsten Werkstoff-Gruppen sich ohne weiteres in die „Sytematik Bleibender Formänderungen" einordnen lassen und auf welche Weise dies geschieht. Diese Ausarbeitungen zeigen ferner, daß es möglich und nützlich ist, daß sämtliche ihrem Namen nach scheinbar so unterschiedlichen Wissenszweige eines solchen universell ausgebauten Werkstoffprüfamts sich derselben Begriffsbestimmungen und damit derselben grundlegenden Denk- und Ausdrucksweise bedienen. Danach ist es dem Kenner eines Sondergebiets möglich, sich mit wenig Mühe einen Überblick über Erkenntnisse auf irgendeinem Nachbargebiet zu verschaffen.

Es bedarf wohl nicht der Hervorhebung, daß die einzelnen Aufsätze nicht etwa dem Fachmann auf dem betreffenden Gebiet etwas fachlich Neues bringen wollen, wenn es auch für diesen interessant sein dürfte, das ihm in seiner Sprache Geläufige nun in allgemein-wissenschaftlicher Form dargestellt und durch grenz-wissenschaftliche Hinweise belebt zu sehen. Diese Arbeiten sollen vielmehr dem Nichtfachmann in Kürze den Stand des heutigen Wissens, und zwar in einer für ihn verständlichen Form, übermitteln.

Schließlich wird von Herrn Dr. E. Lehr an den im Maschinenbau vorliegenden Erscheinungen und Aufgaben gezeigt, daß es Gebiete der Technik gibt, bei denen die elastischen Formänderungen als Normalfall die Bleibenden Formänderungen als Grenzfall zu betrachten sind.

Die erhebliche Mühe, die die Zusammenstellung der einzelnen Beiträge und insbesondere ihre Abstimmung aufeinander gemacht hat, hat sich reichlich gelohnt. Denn abgesehen davon, daß der hier gegebene Überblick manchen Außenstehenden interessieren dürfte, ist damit der Beweis erbracht, daß es möglich ist, die wissenschaftlichen Kräfte der Schöpfung von A. Martens auch und gerade in der heutigen Zeit des hochentwickelten Standes der Einzelwissenschaften unter einer wohlbegründeten Gesamtleitung zusammenzufassen.

Auch für die zukünftige Entwicklung des Staatlichen Materialprüfungsamts Berlin-Dahlem sind mit dieser wissenschaftlichen Aufgabestellung, nämlich der allgemein-wissenschaftlichen Untermauerung und gegenseitigen Verbindung der einzelnen Fachgebiete und der grenz-wissenschaftlichen Brückenbildung zu den Nachbargebieten, deren jedes im übrigen laufend den fortschreitenden Bedürfnissen der Wirtschaft anzupassen ist, die Wege gewiesen. Ähnliches gilt naturgemäß für sämtliche Werkstoffprüfämter, die mit dem Staatlichen Materialprüfungsamt Berlin-Dahlem zu einem „Reichsamt für Werkstoffe" zusammengefaßt werden sollen und schließlich für eine planmäßige Neuregelung der deutschen Werkstoff-Forschung und -Prüfung überhaupt.

Auf eine derartige wissenschaftliche Fundierung schließlich gründet sich die führende Stellung, die die zuständige Zentralbehörde, das Reichs- und Preußische Ministerium für Wissenschaft, Erziehung und Volksbildung, Amt Wissenschaft (früher Preußisches Kultusministerium) auch auf dem Gebiet der Werkstoff-Forschung und -Prüfung hat.

---

[1] E. Seidl: Bruch- und Fließ-Formen . . . Bd. I: Systematik Bleibender Formänderungen; Bd. II: Scher-Form; Bd. III: Zerreiß-Form; Bd. IV: Zerdrück-Form; Bd. V: Krümmungs-Formen; Bd. VI: Strömungs-Formen; Bd. VII: Verdreh-Form. VDI-Verlag, Berlin 1934.

A. Die theoretischen Grundlagen einer neuzeitlichen Werkstoff-Forschung

I. Systematik Bleibender Formänderungen;
als Arbeits-Grundlage für Werkstoff-Forschung und -Prüfung

Von **Erich Seidl**

Inhalt

1. Die Systematik Bleibender Formänderungen in Beziehung zur Elastizitätslehre
   a) Das Problem
   b) Beispiele
2. Die für die Lösung des Problems grundlegend in Betracht kommenden Umstände
3. Begriffsbestimmungen von A. Lambertz
4. Notwendige Arbeitshypothesen
   a) Das „Formungs-Prinzip"
     α) Begriff
     β) Beispiele ähnlicher „Typen-Formen" aus verschiedenen Naturbereichen
   b) Das „Individual-Prinzip"
     α) Begriff
     β) Ganzheits-Betrachtung
     γ) Beispiel
5. Für Verformungs-Untersuchungen dienliche Einteilungen der Körper
   a) Einteilung der Körper nach den geometrischen Verhältnissen
   b) Einteilung der Körper nach den (im technischen Sinne) stofflichen Verhältnissen
   c) Einteilung technischer Körper nach dem Verwendungszweck
6. Hauptsächliche allgemein-wissenschaftliche und praktische Ergebnisse, die für die Werkstoff-Forschung und -Prüfung von Bedeutung sind
   a) Feststellung der Reihenfolge, in der die Umstände, welche eine Formänderung bei gegebener Beanspruchung bestimmen, merklich in Erscheinung treten
   b) Richtlinien für einen planmäßigen Aufbau technischer Körper
7. Tabellen des geometrischen Aufbaus technischer Körper

1. Die Systematik Bleibender Formänderungen in Beziehung zur Elastizitätslehre

a) Das Problem

Zur Zeit der Errichtung der ersten staatlichen und privaten Anstalten für Werkstoff-Prüfung und -Forschung ging man bei der mechanischen Ermittlung der Güte (Festigkeit) von Gebrauchsgegenständen, Konstruktionen usw. im allgemeinen von der Bewährung bei Beanspruchungen im elastischen Bereich der Formänderung aus und bediente sich der so gewonnenen Ergebnisse auch bei der theoretischen Erklärung plastischer Verformungen.

Das tatsächliche Verhalten der geprüften Stoffe beim Bruch oder nach Überschreitung der Elastizitäts-Grenze, d. h. das Verhalten bei Bleibenden Formänderungen (plastischer und spröder Art) wurde nur insoweit untersucht und der Praxis nutzbar gemacht, als die Ermittlung von Festigkeits-Konstanten verlangte, die man in die unter Voraussetzung elastischen Verhaltens aufgestellte Rechnung einsetzte. Wohl befaßte sich die Forschung mit plastizitäts-theoretischen Erwägungen, ohne daß man aber immer von einheitlichen Grundsätzen ausging.

Soweit es sich um die Auswirkungen Bleibender Formänderungen auf die Gesamt-Beurteilung handelt, also um die Erweiterung der in der Elastizitätslehre enthaltenen Möglichkeiten, bieten die geometrischen Gesetzmäßigkeiten der Umgestaltung und die besondern Umstände, unter denen diese vor sich geht, ein wertvolles Beurteilungs-Material.

So ist zunächst von Bedeutung, daß bestimmten Beanspruchungen bestimmte Formänderungen zugeordnet sind (Arbeitshypothese „Formungs-Prinzip") und ferner, daß innerhalb dieses allgemeinen Rahmens die spezielle Art der Gestaltung und des Verformungs-Mechanismus von dem geometrischen Aufbau und dem Stoff des betreffenden Körpers abhängt (Arbeitshypothese „Individual-Prinzip").

Es sind dies Gesetzmäßigkeiten, die sich zunächst mittels dieser beiden Arbeitshypothesen zu einer Systematik — der Gestaltungs-Gesetze und des Verformungs-Mechanismus — Bleibender Formänderungen entwickeln und ausbauen ließen. Diese Systematik läßt sich — abgesehen von ihrer allgemein-wissenschaftlichen Bedeutung und abgesehen von der Möglichkeit einer grenz-wissenschaftlichen Behandlung von Wissenszweigen der Technischen Mechanik, der Geomechanik und der Formungs-Gesetze von Organismen — im besondern auch zu praktischen Zwecken, so hier als Arbeits-Grundlage für Werkstoff-Forschung und -Prüfung nutzen.

b) Beispiele

Die fruchtbare wechselseitige Ergänzung, die die betreffenden Ermittlungen nach der Elastizitätslehre und nach der Systematik Bleibender Formänderungen einander bieten, sei am Beispiel der Verformungen gezeigt, die anläßlich einer Lücke entstehen (Bildgruppen A III); es ist dies ein Fall, der in der Technischen Mechanik, der Bodenmechanik, beim Bergbau und in der Tektonischen Geologie häufig vorkommt.

α) Mittels der Elastizitäts-Theorie lassen sich die elastischen Formänderungen, die nach Störung des Spannungs-Gleichgewichts oberhalb und unterhalb der Lücke eintreten, geometrisch veranschaulichen und messen (Bilder A III, 1a bis e). Es ergibt sich, daß die von den Ecken der Lücke ausgehenden Hauptspannungs-Linien, die von oben nach unten verlaufen, einen „Zug/Körper" begrenzen.

Die besondre Abgrenzung des Zug/Körpers in den verschiedenen Fallen ist jeweils durch die Art der „Ausweich-Möglichkeit" bedingt. Sie hängt davon ab, ob diese nur in die Lücke hinein (Versuch Bilder A III, 1 a u. b, entsprechend festen Lagerkanten) oder dazu noch in den „freien" Ausweich-Raum hinein besteht (Versuch Bilder A III, 1 c u. d, entsprechend nachgiebigen Lagerkanten).

Überschreiten die Beanspruchungen die Festigkeits-Grenze des Stoffs, so trennt sich der aus den Spannungs-Verhältnissen gefolgerte „Zug/Körper" tatsächlich ab, Bild A III, 1 e.

β) Mittels der Systematik Bleibender Formänderungen ist nunmehr auch der umgekehrte Weg beschreitbar. Unter Zugrundelegung der geometrischen Gesetzmäßigkeiten einer „Typen-Form" („Formungs-Prinzip", Abschnitt 4a) kann man auf die diese einleitenden elastischen Verformungen oder die Spannungsverhältnisse rückschließen.

Im Falle wiederum einer durch einen bergbaulichen Eingriff entstandenen Lücke (Strecke oder Abbau) der vergleichenden Zusammenstellung der Bilder A III, 2 a bis g ergibt sich bei zunächst scheinbar verschiedenen Beanspruchungen zufolge derselben jeweils durch die Lücke gebotenen „Ausweich-Möglichkeit" ebenfalls jedesmal ein „Zug/Körper".

Diese Formänderung entsteht ebensogut bei der „Stauch- und Zerdrück-Form", wie bei der „Dehnungs- und Zerreiß-Form", wie in dem als „Streck-Biegung" bezeichneten Fall von „Krümmungs-Formen", wie an der Matrizenseite beim Stanzen, wie schließlich bei einem „Strömungs- oder Quasi-Strömungs"-Vorgang an der Ausflußstelle.

Die geometrische Gestalt des „Zug/Körpers" (im weitern Sinne) hängt erfahrungsgemäß ab von den Ausmaßen der Öffnung sowie von der Zähigkeit („Inneren Reibung") des beanspruchten Körper.

Man sieht in diesen Darstellungen weiterhin, daß ein solcher „Zug/Körper" von zwei über den Auflager-Bereichen (Lagerstätten-Stößen) sich bildenden „Druck/Körpern" flankiert wird, die mit ihm zu einem Zug/Körper-Druck/Körper—System vereinigt sind.

2. Die für die Lösung des Problems grundlegend in Betracht kommenden Umstände

Das Schema Bild A I, 1 gibt einen Überblick über die mannigfachen wesentlichen Umstände, die zueinander in Beziehung treten, wenn ein Körper — innerhalb seiner „Umwelt", Bilder A II, 1 a u. b — durch äußere oder innere Kräfte „beansprucht" und elastisch oder bleibend verformt wird („Formungs-Prinzip", Abschnitt 4a).

Ein solcher Körper mit all seinen Eigenschaften ist auffaßbar als „Individuum" (Ganzheit, Bilder A II, 3 u. 4) („Individual-Prinzip", Abschnitt 4b); das gleiche gilt für seine Umwelt. Dabei sind folgendes die wesentlichen Eigenschaften des Körpers wie der Umwelt, auf die es bei der Beanspruchung und der Formänderung ankommt.

Der geometrische Aufbau:
umfassend die Begrenzung des Körpers, sowie die Anordnung und Begrenzung seiner Teilstücke („Unter-Individuen").

Die Stoffart;
ein aus praktischen Erwägungen gebildeter Begriff (Stoff im technischen Sinne), dessen Anwendbarkeit jeweils von der Grenze abhängt, von der ab es sich nicht mehr empfiehlt, weitere Unterteilungen des Körpers in Aufbauteile vorzunehmen (Tabellen A I bis A III).

Dieser Begriff bleibt auch unbeeinflußt durch die Frage, ob die wissenschaftliche Erkenntnis nicht den Stoff-Begriff überhaupt aufgibt und durch den Begriff Energie ersetzt.

Der geometrische Aufbau wie die Stoffart (im technischen Sinne) des Körpers und der Umwelt unterliegen dem Einfluß:
des Energiegehaltes des Körpers und der Umwelt (Spannungen, Temperatur usw.) und
der Vorgeschichte des Körpers und der Umwelt (die den Zeitfaktor enthält).

Auf Grund dieses Systems von Begriffsbildungen und Begriffs-Verknüpfungen ließ sich eine gesetzmäßige Zuordnung bestimmter Formänderungen zu bestimmten Beanspruchungen ermitteln und weiterhin eine einfache Systematik — der Gestaltung und des Verformungs-Mechanismus — Bleibender Formänderungen aufbauen. Die Durcharbeitung der Verformungs-Probleme auf Grund dieser Systematik führte zu einigen allgemein-wissenschaftlich und praktisch bedeutungsvollen Ergebnissen (Abschnitte 6 und 7).

3. Begriffsbestimmungen

Die durch die Systematik des Schemas Bild A I, 1 geordneten Begriffe und Begriffsverknüpfungen ergaben sich nach einem Entwurf des Verfassers auf Grund eingehender Erörterungen mit einigen Wissenschaftlern des Staatlichen Materialprüfungsamts Berlin-Dahlem, nämlich den Herren

Dr. A. Hummel, Direktor, Professor E. Kindscher, Professor Dr. W. Kuntze, Dr. A. Lambertz, Dr. jur. F. A. Müllereisert und Direktor, Professor Dr. H. Sommer.

Herr Dr. A. Lambertz hatte die Freundlichkeit, ausgehend von der so geschaffenen Grundlage, eine exakte Fassung der Begriffsbestimmungen auszuarbeiten, die folgendermaßen lautet:

1. Nach einer gebräuchlichen Definition wird ein Komplex von Materie, der eine bestimmte, räumlich begrenzte Form annimmt, als „Körper" bezeichnet. Ein **Körper** *Körper besitzt demnach materielle und geometrische Eigenschaften. Materie oder Stoff ist dabei der Inbegriff dessen, was sich durch Trägheit und durch Gravitation geltend macht.*

2. Auf einen „Körper" können Kräfte einwirken. Eine **Kraft** *„Kraft" definiert man — ausgehend von der Vorstellung der menschlichen Muskelkraft — im allgemeinen als „Ursache" einer Bewegung. Nach dem Grundsatz der Gleichheit von Wirkung und Gegenwirkung wirkt nun eine Kraft niemals auf einen Körper allein, sondern stets — in einander entgegengesetzten Richtungen — auf zwei Körper ein. Ist in unserem Falle nur der erste dieser beiden Körper*

Umwelt
*Bilder A II,
1 a u. b*

zu betrachten, so soll der zweite Körper als die „Umwelt" des ersten bezeichnet werden. Die auf einen und denselben Körper wirkenden Kräfte können zahlreich sein, ebenso zahlreich sind dann die zu seiner „Umwelt" zu rechnenden Körper. Die Kräfte sind in diesem Falle „äußere Kräfte". Statt zwischen dem zu betrachtenden Körper und seiner Umwelt, können aber auch Kräfte zwischen einzelnen Teilen des zu betrachtenden Körpers selbst wirken; in diesem Falle handelt es sich um „innere Kräfte".

3. Körper und Umwelt können ihre Rollen vertauschen. Auch in der Umwelt können innere Kräfte wirksam werden. Überhaupt gilt alles, was für den Körper gilt, auch für seine Umwelt, im allgemeinen natürlich mit quantitativen Unterschieden.

Für die besondern Zwecke der Werkstoff-Prüfung wird in vielen Fällen der zu beanspruchende „Körper" als „Probe" bezeichnet, während seine „Umwelt" von dem „Apparat" gebildet wird (zu dem man auch die umgebende Atmosphäre als „Ausweich-Raum" rechnen muß).

4. Wie erwähnt, ist eines der beiden Merkmale eines jeden Körpers die räumlich-geometrische Begrenztheit. Die Begrenzung eines Körpers ist eine mathematische Fläche: seine Oberfläche. Sie verleiht dem Körper eine bestimmte Gestalt, die im folgenden, um jedes Mißverständnis auszuschließen, als „geometrische Gestalt" des Körpers bezeichnet werden soll. Der Körper kann seine geometrische Gestalt entweder durch innere Kräfte, gewissermaßen „freiwillig", aufrechterhalten (Feste Körper), er kann sie auch durch fortdauernde äußere Kräfte aufgezwungen bekommen (Flüssigkeiten, Gase). Die geometrische Gestalt des Körpers kann einfach sein, z. B. eine Kegel-, Pyramiden-, Zylinder-, Kugel- usw. Gestalt, sie kann aber auch eine komplizierte Fläche bilden. Im letzteren Falle kann der Körper aufgefaßt werden als aus einer mehr oder weniger großen Anzahl von einfach begrenzten Teilen aufgebaut. Zur eindeutigen Beschreibung des „geometrischen Aufbaues" des Körpers gehört in diesem Falle außer der Angabe der „geometrischen Gestalt" der einzelnen Aufbauteile auch die Angabe der Orientierung der Aufbauteile zueinander.

Geometrische Gestalt

Geometrischer Aufbau

Nur scheinbar einfache Körper

5. In vielen Fällen zeigen Körper von scheinbar einfacher geometrischer Gestalt bei näherem Zusehen oder gar erst dem mit einem optischen Instrument bewaffneten Auge einen komplizierten geometrischen Aufbau. Aber auch in diesem Falle hat es durchaus einen Sinn, von der geometrischen Gestalt des Körpers zu sprechen, unter der man sich dann eine Art von einhüllender Fläche vorzustellen hat.

Aufbauteile höherer Ordnung

6. Alles, was bisher über den Körper gesagt wurde, gilt auch für jeden einzelnen seiner Aufbauteile. Isoliert betrachtet, stellt jeder Aufbauteil wieder einen — kleineren — Körper dar, der seinerseits wieder aus Aufbauteilen bestehen kann. Es ergeben sich so Aufbauteile 1., 2., ... n-ter Ordnung, wobei man den Körper selbst als Aufbauteil 1. Ordnung betrachten kann. Die wissenschaftliche Forschung ist zur Erkenntnis von Aufbauteilen immer höherer Ordnungszahlen gelangt und hat auch vor dem chemischen Atom längst nicht haltgemacht. Für die technische Werkstoff-Forschung und -Prüfung würde es dagegen unzweckmäßig sein, der reinen Wissenschaft auf diesem Wege bis an das jeweils bekannte Ende zu folgen. Vielmehr erscheint es notwendig, für die Betrachtung der Unterteilbarkeit der Körper eine willkürliche Grenze festzulegen. Diese Festlegung kann so erfolgen, daß die Aufbauteile irgendeiner Ordnung als geometrisch einfach gestaltet betrachtet und als „unterste Aufbauteile" definiert werden. Alle Eigenschaften dieser untersten Aufbauteile werden dann als stoffliche Eigenschaften und der Inbegriff aller dieser Eigenschaften als „Stoff im technischen Sinne" definiert. Der so festgelegte technische Stoffbegriff wird nicht berührt durch die von der reinen Wissenschaft zu lösende Frage, ob der „Stoff" seine Bedeutung überhaupt verloren habe und durch die „Energie" zu ersetzen sei.

Stoff im technischen Sinne

Damit ist nun der geometrische Aufbau eines Körpers zwischen zwei Grenzen eingeschlossen: nach außen, d. h. gegen die Umwelt, ist er durch die geometrische Gestalt des Körpers, nach innen, d. h. gegen den „Stoff im technischen Sinne" ist er durch die geometrische Gestalt der untersten Aufbauteile, der Stoffteile, abgegrenzt. Durch Bild A I, 2 soll der geometrische Aufbau eines Körpers mit seinen beiden Grenzen schematisch veranschaulicht werden.

Begrenzungen des geometrischen Aufbaus
Bild A I, 2

Die Grenze gegenüber dem Begriff Stoff (im technischen Sinne) bedarf von Fall zu Fall der Festlegung, aber auch die Grenze gegenüber der Umwelt muß in manchen Fällen willkürlich gezogen werden.

7. Aus der Tatsache, daß die Grenz-Festsetzung zwischen geometrischem Aufbau und Stoff (im technischen Sinne) aus praktischen Gründen willkürlich erfolgt, ergibt sich, daß Körper, die im rein wissenschaftlichen Sinne lediglich verschiedene geometrische Eigenschaften aufweisen, in dem hier behandelten technischen Sinne als stofflich verschieden betrachtet werden.

Besonders deutlich tritt dieser Unterschied in der Auffassung bei kristallographischen Beispielen hervor. So unterscheiden sich, wissenschaftlich betrachtet, Graphit und Diamant lediglich kristallographisch; sie stellen verschiedene Formen des Kohlenstoffs dar; im technischen Sinne wird man sie aber als verschiedene Stoffe betrachten müssen.

Ebenso werden die verschiedenen Aggregatzustände eines und desselben chemischen Stoffs vielfach im technischen Sinne als verschiedene Stoffe zu behandeln sein.

8. Die (im technischen Sinne) stofflichen und die geometrischen Eigenschaften eines Körpers unterliegen dem Einfluß zweier weiterer Bestimmungsstücke des Körper-Zustandes: der Vorgeschichte und des Energiegehaltes. Die Vorgeschichte, d. h. die zeitliche Aufeinanderfolge der Zustände, die der Körper bis zu dem betrachteten Augenblicke durchlaufen hat, enthält unter anderem auch den Einfluß der Zeit.

Vorgeschichte, Energiegehalt

Der Energiegehalt kann sich aus verschiedenen Energiearten zusammensetzen: aus mechanischer Spannung, Temperatur, chemischer, elektrischer, magnetischer usw. Energie.

Es mag auffallen, daß im vorstehenden einmal von Kräften und ein andermal vom Energiegehalt die Rede ist. Natürlich ließe sich auch eine einheitliche Betrachtungs- und Ausdrucksweise, z. B. die energetische, durchführen. Eine Änderung des Kräfte-Gleichgewichtes bedeutet ja auch *eine Änderung des Energiegehaltes und kann durch eine solche ausgedrückt werden. Nun ist aber einerseits zur Beschreibung des Zustandes, in dem sich ein Körper befindet, die Angabe seines Energiegehaltes als einer eindeutigen Zustands-Funktion bequem. Anderseits ist zur Beschreibung einer Beanspruchung eines Körpers die Verwendung der Vorstellung von den äußeren und inneren Kräften als Ursachen der Bewegungen seiner Teile (und damit der Verformung des Körpers) anschaulich und gebräuchlich.*

Es erscheint deshalb zweckmäßig, den Zustand des zu betrachtenden Körpers vor Beginn der Beanspruchung durch seinen den Stoff (im technischen Sinne) und den geometrischen Aufbau beeinflussenden Energiegehalt (neben seiner Vorgeschichte) zu kennzeichnen, der Beschreibung der Beanspruchung dagegen den Kraftbegriff zugrunde zu legen.

9. *Daß der Energiegehalt sowohl den geometrischen Aufbau des Körpers, als auch seinen Stoff (im technischen Sinne) beeinflussen kann, ist durch die Willkürlichkeit der Grenzziehung verursacht. Aus demselben Grunde kann die Vorgeschichte des Körpers außer den geometrischen auch die (im technischen Sinne) stofflichen Eigenschaften verändern.*

10. *Die (im technischen Sinne) stofflichen und die geometrischen Eigenschaften bilden durch ihr gleichzeitiges Vorhandensein den Körper (Ziff. 1). Dabei tritt nur selten der Fall ein, daß diejenigen Eigenschaften, welche für die jeweilige Untersuchung in Betracht kommen, alle in linearer gegenseitiger Abhängigkeit stehen, sich also additiv verhalten. Immer aber, wenn dies nicht der Fall ist, gilt der Satz, daß das Ganze etwas anderes ist, als nur die Summe seiner Teile. Ein beanspruchter Körper ist ein „Individuum" und muß als solches behandelt werden. So stellt denn die Individualität (Ganzheit) des beanspruchten Körpers den Inbegriff aller seiner Eigenschaften dar.*

Ganzheit
Bilder A I, 1 u. 2;
Bilder A II, 3 u. 4

Ein durch innere oder äußere Kräfte „beanspruchter" Körper ist aus seinem ursprünglichen Gleichgewicht herausgebracht und „sucht" gewissermaßen einen neuen Gleichgewichtszustand. Er ist in einer Art von Entwicklung begriffen und kann insofern mit einem lebendigen Organismus verglichen werden. So mag also auch der Biologe sich mit der Bezeichnung eines beliebigen beanspruchten Körpers als „Individuum" abfinden.

11. *Solange sich die „Lebensäußerungen" eines beanspruchten Körpers innerhalb solcher Grenzen halten, daß nach dem Wiederverschwinden der beanspruchenden Kräfte sich wieder der alte Gleichgewichtszustand ergibt, spricht man von einer „elastischen Formänderung". Werden jedoch diese Grenzen (Elastizitäts-Grenze) überschritten, ist infolgedessen der Vorgang der Beanspruchung und Formänderung nicht mehr umkehrbar — d. h. ergibt sich nach Verschwinden der beanspruchenden Kräfte ein neuer Gleichgewichtszustand — dann spricht man von einer „Bleibenden Formänderung".*

Elastische und Bleibende Formänderungen

4. Notwendige Arbeitshypothesen

a) Das „Formungs-Prinzip"

Bilder A III, 2a bis g; Bildgruppen A IV u. A V

α) Begriff

Ergibt eine bestimmte Beanspruchung (Schub-, Zug-, Druck-, Krümmungs-, Verdreh-, Strömungs-Beanspruchung) eine Bleibende Formänderung eines Körpers, so ist diese Formänderung der Beanspruchung zugeordnet derart, daß man von der neuen Gleichgewichts-Form als von einer „Typen-Form" [Scher-Form, Dehnungs- und Zerreiß-Form, Stauch- und Zerdrück-Form, Krümmungs-Formen, Verdreh-Form, Strömungs-Form] sprechen kann.

Bezeichnende Abweichungen innerhalb der Gestaltungs-Möglichkeiten einer „Typen-Form" ergeben sich bei gleicher Beanspruchung für Körper von verschiedenem Stoff (im technischen Sinne) oder von verschiedenem geometrischem Aufbau (Individual-Prinzip).

Auch die Formen-Folge, die der Körper bei seiner Umgestaltung bis zur Endform durchläuft und die Gestalt, die er bei etwa vorzeitigem Bruch annimmt („Torso-Form"), zeigen die geometrischen Grundzüge der betreffenden „Typen-Form".

Man vermag daher bei einer bestimmten Beanspruchung, die ein technischer oder natürlicher Körper von ausgeprägter „Individualität" erfährt, die zu erwartende Bleibende Formänderung bis zu einem gewissen Grade vorauszusagen.

Zeigt ein einzelner Körper von ausgeprägter „Individualität" eine solche „Typen-Form", ohne daß man den Hergang der Formänderung verfolgen konnte, so ist es wahrscheinlich, daß er durch die dieser zugeordnete Beanspruchung verformt wurde.

Finden sich Formänderungen im Sinne einer „Typen-Form" innerhalb eines Körpers, oder in einem Bereich, der unvollkommen abgegrenzt ist, oder dessen Abgrenzung sich nicht übersehen läßt, so darf angenommen werden, daß bestimmte beanspruchende Kräfte in dem durch die „Typen-Form" gekennzeichneten Bereich des Körpers gewirkt haben.

Schließlich bieten „Typen-Formen" einen Anhalt für die Ergänzung unvollkommen ausgebildeter Formen („Torso-Formen").

β) Beispiele ähnlicher „Typen-Formen" aus verschiedenen Naturbereichen

An einigen Beispielen von „Typen-Formen" möge gezeigt werden, welch eindrucksvolles Anschauungsmaterial verfügbar ist, wenn man Verformungen technischer und natürlicher Körper verschiedener Art nach gleichartigen geometrischen Gebilden ordnet.

„Strömungs-Form", Bildgruppe A IV:

Man sieht, daß bei einem Gletscher, der in einem schmalen Tal abfließt, die geometrische Gesetzmäßigkeit der Verformung im ganzen und in den wesentlichen Einzelheiten dieselbe ist wie beim Strangpressen, z. B. von Metall.

Mittels einer solchen Analogie-Beziehung ist die Auffassung von stockförmigen Gebilden mancher in Spalte aufgepreßter Salzlagerstätten als Strömungs-Körper begründbar.

Auch die im Röntgenbild überzogener Drähte hervortretende geometrische Zeichnung gestattet den Schluß auf ähnliche Verformungs-Bedingungen.

„Dehnungs- und Zerreiß-Form", Bildgruppe A V:

In den Querschnitten der Bilder A V, 1a bis c zeigt sich anschaulich die Übereinstimmung der Formänderung einer mittleren Schicht bei einem Metalldraht (1a), einem geschichteten kristallinen Gestein (1b) und einem durch Tagesaufnahmen, Bohrungen und durch Bergbau bis in alle Einzelheiten aufgeschlossenen geologischen Schichtenverband (1c). Auf Grund dieser übereinstimmenden Formgebungen in verschiedenen Naturgebieten ergab sich das Querschnitt-Schema (1d) der „Dehnungs- und Zerreiß-Form".

Die Grundrisse und Aufsichten der Bilder A V 2a bis d behandeln den Fall der Längsform von Zerreiß-Zonen. Auch hier ist die Übereinstimmung der geometrischen Gestaltung in den geologischen und technischen Fällen augenscheinlich, zufolge deren das Grundriß-Schema 2eα, eβ konstruiert werden konnte.

Mittels eines derartigen, die verschiedensten Zweige der Naturwissenschaften umfassenden Überblicks über „Typen-Formen" (innerhalb der Systematik Bleibender Formänderungen) verfügt man nunmehr über ein umfangreiches Anschauungs-Material, das, abgesehen von seiner selbständigen Bedeutung, auch zur Ergänzung der Erfahrungen über elastische Formänderungen (Elastizitätslehre) dienen kann.

b) Das „Individual-Prinzip"
Bilder A I, 1 u. 2; Bilder A II, 3 u. 4; Bildgruppe A VI

α) Begriff

Im Rahmen einer bestimmten Bleibenden Formänderung, die eine „Typen-Form" ergibt („Formungs-Prinzip") wird die besondre Art des Verformungs-Mechanismus durch die dem Körper eigentümlichen Eigenschaften bestimmt. Diese Umstände — also der geometrische Aufbau (mit der geometrischen Gestalt als Körper-Begrenzung) und der Stoff (im technischen Sinne) — können in Formänderungs-Fragen, d. h. bei der „Belebung" eines Körpers durch Kräfte, als der Ausdruck der „Individualität" desselben angesehen werden.

Auch die Abgrenzung und das eigentümliche Verhalten der Aufbauteile n-ter Ordnung, die mittels ihrer Verformung die Formänderung des Gesamtkörpers ermöglichen, wird durch deren geometrischen Aufbau und deren Stoff bestimmt.

Derartige Aufbauteile, die man als „Unter-Individuen" ansehen kann, sind der Formänderung des Gesamtkörpers als des ihnen übergeordneten Individuums in der Weise dienstbar, daß sie, je nach der Beziehung ihrer Individualität zu der des Gesamtkörpers, entweder einen glatten Verlauf der Verformung desselben begünstigen oder mehr oder minder erfolgreich sich ihm widersetzen.

Letzthin jedenfalls bestimmt die Gestaltänderung, die dem übergeordneten Individuum aufgezwungen wird, das Verhalten der Aufbauteile.

β) Ganzheits-Betrachtung
Bilder A I, 1; A II, 3 u. 4

Man kann einen einzelnen Körper — im Verhältnis zu den wesentlichen Bestandteilen, aus denen er sich zusammensetzt — und anderseits auch eine Anzahl zu einem System vereinigter Körper unter dem Gesichtspunkt einer „Ganzheit" betrachten, wobei auch ein solches System wiederum nur Bestandteil einer vielleicht noch neu zu entdeckenden, übergeordneten Ganzheit sein kann.

Eine derartige Ganzheits-Betrachtung hat hier folgende Bedeutung:

Für eine eindeutige Aufgabestellung und für deren Lösung im Rahmen des „Formungs-Prinzips" ist es unerläßlich, den Verformungs- und den Betrachtungs-Bereich besonders zu bezeichnen, auf den die Ermittlungen sich erstrecken sollen.

Bevor eine Aussage über eine Formänderung gemacht werden kann, muß zunächst ermittelt sein, ob sie eine Ganzheit oder einen Teil einer solchen betrifft; und im letzteren Fall muß die Beziehung dieses Teils zur Ganzheit und der Grad seiner individuellen Behauptung ermittelt sein.

Man kann dann wohl von der Verformung des Gesamtkörpers — im Rahmen einer der „Typen-Formen" — bis zu einem gewissen Grade auf die Verformung von Teilbereichen schließen; doch ist der Schluß vom einzelnen Teil auf das Ganze nicht zulässig. Auch braucht die bloße Summierung der Teile noch nicht das Ganze zu ergeben; oft ist das Ganze etwas anderes und mehr als nur die Summe der Teile. Daß dieser Satz nicht nur für den mechanischen Bereich gilt, zeigt das dem Gebiet der Elektrotechnik entnommene Beispiel Bild A II, 4.

Derartige Schlüsse sollte man in der Regel nur deduktiv und nur in besondern Fällen und dann mit ausreichender Vorsicht induktiv ziehen.

γ) Beispiel

Ein bezeichnendes Beispiel für die Beziehung zwischen dem Verhalten des Gesamtkörpers (Ganzheit) und der Teile (Unter-Individuen) aus dem Bereich der kristallinen Körper bieten die in der Bildgruppe A VI dargestellten Verformungen ursprünglich würfelförmiger Aluminium-Gußblöckchen, die zu Platten und Bändern ausgewalzt wurden.

Durch photographische Aufnahme der nach jedem Durchgang durch die Walzen geätzten Oberfläche wurde der Gang der Verformung festgehalten. Diese Proben wurden aus Aluminium-Gußblöcken, Schema, Bild A VI, 1, herausgeschnitten, bei denen man — anstatt des für die industrielle Weiterverarbeitung am besten geeigneten gleichmäßig-körnigen Gefüges — längs der Abkühlungsfläche große, parallel gerichtete stengelförmige Kristalle hatte entstehen lassen.

Liegen die Kristall-Achsen in der Verformungs-Richtung, Bilder A VI, 2a bis c, so erfolgt die Verformung noch schmiegsamer als bei einem körnigen Gefüge. Hingegen vollführt bei einer Anordnung der Stengel-Achsen nicht in der Verformungs-Richtung, z. B. senkrecht zu der Walz-Ebene, Bilder A VI, 3a bis f, der einzelne Kristall die Verformung höchst widerwillig mit Aufspleißungen und Brüchen, wobei die Formänderung einer Gruppe von Kristallen sprunghaft fortschreitet.

Die Anhäufung von Spannungen in einzelnen Lücken und Rißzonen (Kerbwirkung) ist dann die Ursache dafür, daß beim weiteren Auswalzen zu Blechen oder Bändern zunächst die Randzonen zerstört werden, also wegzuschneidender Ausschuß sind. Ferner geben bei der Bearbeitung der scheinbar unversehrten Mittelstücke verborgene Fehlerstellen (als Kerbzonen) Anlaß zu Brüchen der betreffenden Konstruktionsteile oder Geräte.

Erst in einigem Abstand vom Rande kommt auch in diesem Fall im ganzen genommen eine kontinuierliche Formänderung jedoch erst bei stärkerem Druck und bei höherer Erwärmung, z. B. durch Reibung, zustande.

5. Für Verformungs-Untersuchungen dienliche Einteilungen der Körper

a) *Einteilung der Körper nach den geometrischen Verhältnissen*

In Bild A I, 4 ist eine Einteilung der Körper nach dem geometrischen Aufbau entworfen, und zwar

einesteils nach den Bedingungen des allgemeinen geometrischen Aufbaus,

andernteils nach den Ausdehnungs-Verhältnissen in den drei Dimensionen.

α) Die Einteilung der Körper nach den Bedingungen des allgemeinen geometrischen Aufbaus ergibt:

„Vollkörper", *auch „Dickwandige Hohlkörper"*
von durchweg massigem Gefüge

Die Aufbauteile sämtlicher Ordnungen sind gleichmäßig fest miteinander verzahnt. Nirgendwo im Körper zeigt sich eine einfach-reguläre Orientierung.

Die Verformung wird gekennzeichnet durch „plastisches" und „sprödes" Verhalten.

„Körper mit skelettartigem Aufbau"

Die Aufbauteile irgendeiner n-ten Ordnung sind nach einer bestimmten einfachen Regel (z. B. Parallelität) orientiert.

Von einem „skelettartigen Aufbau" wird man vor allem dann sprechen, wenn die Aufbauteile 2. Ordnung nach einer einfachen Regel orientiert sind. Dieser Fall hebt sich besonders hervor, nämlich dadurch, daß der Körper als Ganzes anisotrop erscheint. Beispiele sind alle Körper, die ein „Gewebe" darstellen.

Es können aber auch dann noch die Merkmale eines „skelettartigen Aufbaus" vorliegen, wenn erst die Aufbauteile 3. oder noch höherer Ordnung nach einer einfachen, die Aufbauteile niedrigerer Ordnung, also z. B. auch der zweiten Ordnung, aber noch nach einer weniger einfachen Regel zueinander orientiert sind. Der Körper erscheint dann als Ganzes mehr oder weniger angenähert isotrop; und zwar ist die Isotropie um so vollkommener, je höher die Ordnungszahl der Aufbauteile ist, innerhalb deren die einfache Orientierungsregel gilt, oder auch je größer die Gesamtzahl der im Körper vorhandenen Aufbauteile dieser Ordnung ist. Man kann einen solchen Körper als „quasi-isotrop" bezeichnen.

Umgekehrt können natürlich auch Körper, bei denen Aufbauteile irgendeiner höheren Ordnung „skelettartigen Aufbau" zeigen, infolge regelloser Orientierung der Aufbauteile niedrigerer Ordnungen (also namentlich der 2. Ordnung), die Merkmale eines „skelettartigen Aufbaus" völlig verlieren und den Charakter von „Vollkörpern" annehmen.

Beispiele für derartige quasi-isotrope Körper sind Körper, die einen „Filz" darstellen. Ein solcher filzartiger Aufbau kommt sowohl bei Körpern, denen ein Naturgebilde zugrunde liegt (Leder), als auch bei künstlich hergestellten Körpern (Papier) vor.

Bei den „Körpern mit skelettartigem Aufbau" sind zu unterscheiden:

„Skelett-Körper"

Die Kohäsionskräfte des einzelnen Aufbauteils der betreffenden n-ten Ordnung sind sehr groß gegenüber den zwischen den verschiedenen Aufbauteilen wirkenden Adhäsionskräften.

„Vollkörper mit wirksamem Skelett"

Die Kohäsionskräfte des einzelnen Aufbauteils und die Adhäsionskräfte zwischen den verschiedenen Aufbauteilen der erwähnten n-ten Ordnung sind nahezu von der gleichen Größenordnung.

Die Beanspruchungen, denen diese Adhäsionskräfte entgegenwirken sollen, müssen entweder zur Oberfläche der Skelett-Teile tangential gerichtet sein (z. B. bei Gespinsten) oder dürfen außerdem eine vertikale Komponente haben (z. B. bei verleimten Skelett-Teilen).

Eine besondere Gruppe der „Körper mit skelettartigem Aufbau" bilden:

Organismen des Pflanzen- und Tierreichs

Bei diesen stehen geometrischer Aufbau und Stoff (im technischen Sinne) zueinander in engster, durch Wachstum und Beanspruchung bedingter Beziehung.

β) Nach den dimensionalen Ausdehnungsverhältnissen lassen sich unterscheiden:

Körper, deren Ausdehnung der Größenordnung nach

in allen drei Dimensionen gleich ist,

in zwei Dimensionen gegenüber der dritten überwiegt,

in einer Dimension gegenüber den beiden anderen überwiegt.

Die dimensionalen Ausdehnungs-Verhältnisse natürlicher Körper sind festzustellen durch Beachtung der Ausrichtung sämtlicher mechanisch wichtigen Aufbauteile (Gliederung von Pflanzen, Gliederung geschichteter geologischer Sedimente oder stockförmiger Eruptivgesteinskörper). Auch technischen Körpern gibt man nach Bedarf einen solchen Aufbau (strähnige Struktur von Drähten, Schichtung von Platten).

b) *Einteilung der Körper nach den (im technischen Sinne) stofflichen Verhältnissen*

α) Einteilung nach der chemischen Zusammensetzung.

β) Einteilung nach den kristallographischen Verhältnissen,

γ) Einteilung nach den Aggregatzuständen in:

Feste Körper	Flüssige, Zähflüssige, Dünnflüssige Körper	Gasförmige Körper

δ) Einteilung nach sonstigen physikalischen Eigenschaften in:

Elektrizitäts-Leiter und -Nichtleiter,
Wärme-Leiter und -Nichtleiter,
para-, dia- und ferromagnetische Körper,
durchsichtige und undurchsichtige Körper
usw.

c) *Einteilung technischer Körper nach dem Verwendungszweck*

Tabelle Bild A I, 3

Die Natur bedient sich bei Organismen des Pflanzen- und Tierreichs — jeweils in Abhängigkeit von der Höhe der Organisationsstufe — zweckmäßiger Stoffe und geometrischer Aufbauten, um die erforderlichen Widerstände gegen äußere Kräfte (Umwelt) und damit gewisse Eignungen für ihren Kampf ums Dasein zu schaffen.

Bei Schöpfungen von Menschenhand wird auf Grund z. T. uralter Erfahrungen nach Möglichkeit ähnlich verfahren; so unterscheidet man z. B. bei Baukonstruktionen Holz-, Stahl-, Eisenbeton-Bau. Auch gilt es als selbstverständlich, daß, je nach dem Verwendungszweck, die Auswahl der Konstruktionsteile unter Abstimmung von Stoff (im technischen Sinne) und geometrischem Aufbau (und damit äußerer Formgebung), also derjenigen Umstände erfolgen muß, welche die „Individualität" des Körpers bestimmen; gewisse Baustoffe erscheinen für bestimmte Verwendungszwecke als am besten geeignet.

Nach dem derzeitigen Stand der Technischen Mechanik könnte man eine Einteilung technischer Körper für Verformungs-Untersuchungen nach dem Verwendungszweck etwa laut Bild A I, 3 treffen. Dieser erste Versuch soll nur die Wege weisen für eine planmäßige theoretische Weiterarbeit in dieser Hinsicht mit praktischen Zielen.

6. Hauptsächliche allgemein-wissenschaftliche und praktische Ergebnisse,

die für die Werkstoff-Forschung und -Prüfung von Bedeutung sind

Auf dieser systematischen und methodischen Grundlage läßt sich nunmehr ein theoretisch klares, für die Praxis auswertbares Bild von der Bedeutung derjenigen Umstände gewinnen, welche das „individuelle" Verhalten irgendeines beanspruchten Körpers bei seiner Verformung, bei der Erprobung seiner Festigkeit und sonstigen Bewährung bedingen[1].

In Stichworten zusammengefaßt lassen sich folgende hauptsächlichen allgemein-wissenschaftlichen und praktischen Ergebnisse angeben, die der Werkstoff-Forschung dienen können:

Feststellung der Reihenfolge, in der die Umstände, welche eine Formänderung bei gegebener Beanspruchung bestimmen, merklich in Erscheinung treten;

Aufstellung von Richtlinien für einen planmäßigen Aufbau technischer Körper.

a) Feststellung der Reihenfolge, in der die Umstände, welche eine Formänderung bei gegebener Beanspruchung bestimmen, merklich in Erscheinung treten

I. Von der Individualität des Körpers hängt es ab, für welche Verwendung — und damit Beanspruchung — er überhaupt in Frage kommt. Für einen bestimmten Verwendungszweck und eine diesem zugeordnete Beanspruchung müssen also der Stoff (im technischen Sinne) und der geometrische Aufbau (mit der geometrischen Gestalt als Körper-Begrenzung) bestmöglich aufeinander abgestimmt sein.

II. Die eine Formänderung bestimmenden individuellen Eigenschaften eines Körpers treten bei gegebener Beanspruchung in folgender Reihenfolge merklich in Erscheinung:

1. *Der geometrische Aufbau*

α) *Die Begrenzung des Körpers*

Die Verhältnisse der Ausdehnung des Körpers in den drei Dimensionen spielen eine entscheidende Rolle.

Auch die Gefährlichkeit einer Kerbwirkung zufolge äußerer Kerbe, die ja eine Unterbrechung der Begrenzung des Körpers bedeuten, läßt sich aus diesem Gesichtspunkt heraus leicht verstehen.

Bild A II, 2 zeigt, wie nicht nur die mechanischen, sondern auch andere physikalische Eigenschaften von der Wahl der Ausdehnungs-Verhältnisse des Körpers abhängen.

β) *Eine etwa besonders ausgeprägte Regelmäßigkeit im geometrischen Aufbau des Körpers*

Am klarsten und überzeugendsten sieht man dies im Falle bestimmter gesetzmäßiger Verformungen bei einem den Symmetrie-Bedingungen des Körpers angepaßten Skelett, und zwar am vollendetsten bei Körpern der organisierten Materie.

Als Beispiel einer Schichtung können geschichtete geologische Gesteinskörper, auch Stöße von Papierschichten dienen; Beispiele künstlich angebrachter innerer Gliederungen in technischen Körpern sind die Bewehrungen von Eisenbeton, Kunstglas usw.. Auch die durch Verarbeitungs-Verfahren (Walzen, Drahtziehen usw.) entstandenen Schichtungen und Strähnungen (Fließ-Strukturen) fallen hierunter.

Gleiche Skelette verschiedener Stoffe
bewirken einander ähnliche Verformungen.
Unterschiedliche Skelette einander ähnlicher Körper
bewirken verschiedenartige Verformungen.

γ) *Die Aufbauteile der verschiedenen Ordnungen*

Stets beherrscht der gröbere Aufbau den feineren — also die Aufbauteile der niedrigeren Ordnung diejenigen der höheren — nicht nur der Größe nach, sondern auch hinsichtlich ihrer Bedeutung in Verformungs- und Festigkeits-Fragen.

2. *Der Stoff (im technischen Sinne)*

Hier kommt es zunächst einmal auf den Aggregat-Zustand (fest, flüssig, gasförmig) an, wobei die Bedeutung der chemischen Zusammensetzung vielfach zurücktritt[2].

Von welcher Grenze ab man zweckmäßig nicht mehr von geometrischem Aufbau, sondern von einem „Stoff" spricht, hängt teils von dem — fortschreitenden — Stand der Erkenntnisse, teils von den praktischen Bedürfnissen ab, die ja in verschiedenen technischen Bereichen andere sind. Diese wichtige Frage ist an Hand von praktischen Beispielen in Abschnitt 7 eingehender behandelt.

Mit welcher Sorgfalt im einzelnen Falle die Grenze zwischen dem geometrischen Aufbau und dem Stoff (im technischen Sinne) zu ziehen ist, ergibt sich z. B. aus dem

---

[1] Eine eingehende Behandlung der gesamten dem Verfasser zur Zeit übersehbaren theoretischen Ergebnisse enthält Band I des bereits im Vorwort erwähnten Werkes „Bruch und Fließ-Formen..." von E. Seidl.

[2] V. Kohlschütter: Die Erscheinungsformen der Materie. Verl. B. G. Teubner. Berlin 1917.

Begriff der „Raum-Chemie", wonach diese Grenze unter Umständen bei den chemischen Atomen liegen muß.

b) Richtlinien für einen planmäßigen Aufbau technischer Körper

Auf die hier in gesetzmäßige Beziehung zueinander gestellten theoretischen Bedingungen gründen sich uralte, aus der vortechnischen Zeit überkommene Bräuche der Anwendung bestimmter Werkstoffe für bestimmte Verwendungszwecke und eingebürgerte technische Gepflogenheiten.

Die mit dieser systematischen Ordnung gegebenen Unterlagen mögen Ingenieure und Wissenschaftler dazu anregen, zielbewußt weiter an einer zweckmäßen Verwendung naturgegebener und an der planmäßigen Erzeugung ergänzender künstlicher Werkstoffe zu arbeiten, und zwar nach folgendem durch die Reihenfolge unter *a*), Ziff. I und II gegebenen Plan:

zu I. Unter Zugrundelegung eines bestimmten Verwendungszwecks und der diesem zugeordneten Beanspruchung ergibt sich von selbst eine Ordnung der Körper nach dem Grade ihrer Brauchbarkeit.

Manche naturgegebenen Körper scheiden von vornherein schon aus oder erweisen sich als minder geeignet, als entsprechende künstliche Körper, während andre, darunter insbesondre organisierte natürliche und diesen nachgebildete künstliche Körper eine sozusagen ideale Abstimmung von Stoff und geometrischem Aufbau auf Verwendungszweck und beabsichtigte Beanspruchung aufweisen.

zu II, 1 α. Man hat es in der Hand, die Dimensionen eines Körpers in jeder Hinsicht zweckentsprechend zu wählen oder zu gestalten.

Äußere Kerbe müssen unter allen Umständen vermieden werden, da sie jegliche Berechnung der Wirksamkeit bestimmter Begrenzungen des Körpers ausschließen.

zu II, 1 β u. γ. Unter den vorhandenen natürlichen oder künstlich hergestellten Körpern mit ausgeprägter Regelmäßigkeit des geometrischen Aufbaus hat man eine reiche Auswahl solcher, die das vorteilhafteste Skelett für einen bestimmten Verwendungszweck und für die diesem entsprechende Beanspruchung haben.

Anderseits gibt es mancherlei Herstellungs-Verfahren, die es gestatten, technischen Körpern durch Einbau eines Skeletts (Eisenbeton) durch Prägung usw., schließlich durch planmäßige Regelung des gesamten geometrischen Aufbaus (Fließ-Strukturen) die günstigsten Eigenschaften für die Verformung, Festigkeit und sonstige Bewährung des Körpers zu verleihen.

zu II, 2. Soweit sich schließlich bestimmte, im Einzelfall verlangte physikalische Eigenschaften durch geeigneten geometrischen Aufbau nicht erreichen lassen, ist es möglich, ihnen durch passende Wahl der chemischen Zusammensetzung — durch Wahl des Stoffs (im technischen Sinne) — nahezukommen.

Mittels einer derartigen planmäßigen Auswahl und Zurichtung naturgegebener Körper und der passenden Zusammenstellung der stofflichen und geometrischen Eigenschaften technischer Körper nach dem hier entworfenen System — wobei immer die jeweils zum Vergleich heranziehbaren Körper der organisierten Materie als ideales Beispiel dienen sollten — hat man es in der Hand, Körpern aus gleichem Stoff (im technischen Sinne) unterschiedliche Eigenschaften und stofflich unterschiedlichen Körpern ähnliche Eigenschaften zu verleihen. Man kommt ferner zu einer Art bewußter, dem jeweiligen Verwendungszweck angepaßter Körper-Schöpfung; eine solche aber ist das Ziel jeder wohlverstandenen Werkstoff-Forschung überhaupt.

7. Tabellen des geometrischen Aufbaus technischer Körper

Die Tabellen A I bis A III sollen den geometrischen Aufbau von Erzeugnissen verschiedener technischer Fachgebiete darstellen. Diese Körperarten sind in den drei großen Gruppen zusammengefaßt:

I. Anorganische Vollkörper,
II. Organische Vollkörper,
III. Skelettartig aufgebaute Körper.

Innerhalb jeder Gruppe sind dann wieder die zugehörigen Körperarten beziffert.

An einigen Stellen treten Körper irgendeiner Art und Gruppe als Aufbauteile von Körpern einer anderen Art und sogar einer anderen Gruppe auf (z. B. Metall-Körper in Organischen Kunststoff-Körpern). Um Wiederholungen zu vermeiden und die Übersicht nicht zu stören, sind in solchen Fällen an Stelle der weiteren Unterteilung lediglich die Nummern der Gruppe und Art angegeben, unter denen der geometrische Aufbau dieser Körper bereits dargestellt ist (bei Metall-Körpern z. B. I, 1).

Die untersten Aufbauteile, an deren weiterer Unterteilung die Technik des betreffenden Fachgebiets jetzt noch nicht interessiert ist, die also als Stoffteile im technischen Sinne betrachtet werden können, sind in den Tabellen mit besonderer Umrahmung versehen.

Die Bezifferung der Aufbau-Ordnungen des technischen Körpers beginnt beim vollständigen Körper (Abschnitt 3 „Begriffsbestimmungen", Ziff. 6). Auf diese Weise ist es möglich, die den Aufbauteilen einmal zugeordneten Ordnungsziffern unverändert zu lassen, wenn auf Grund neuer Forschungen auch für die Technik sich die Notwendigkeit ergibt, eine feinere Unterteilung des betreffenden Körpers zu berücksichtigen, also die Grenze zwischen dem geometrischen Aufbau und dem Stoff (im technischen Sinne) weiter hinauszuschieben.

Tabellen des geometrischen Aufbaus technischer Körper

A I. Anorganische Vollkörper

Aufbauteil	1 Metall-Körper	2 Naturstein-Körper			3 Beton-Bauten		4 Glas-Körper
		2a Hochbau	2b Straßenbau	2c Gleisbau			
1. Ordnung	Gebrauchs-gegenstand	Bauwerk	Fahrbahn	Gleisbettung	Bauwerk		Gebrauchs-gegenstand
2. Ordnung	Formstück oder Gußstück	Werkstein | Mörtelschicht	Pflasterstein | Verguß-Körper: Bitumen oder Zement (I, 3)	Schotterkorn	Bauglied: Säule oder Platte oder Balken oder Vollmauer		Massiv-Körper oder Platte oder Rohr
3. Ordnung	Kristallit oder Kristall	Einzelmineral	Einzelmineral	Einzelmineral	Zement-Gerüst	Zuschlag: Gesteinskorn (I, 2a)	Molekül
4. Ordnung	Atom	Atom	Atom	Atom	Gel	Kristall	
5. Ordnung					Molekül		

A II. Organische Vollkörper

Aufbauteil	1 Organische Kunststoff-Körper (in Formen verpreßt)		2 Papier-Körper	3 Leder-Körper
1. Ordnung	Gebrauchsgegenstand		Gebrauchs-gegenstand	Gebrauchs-gegenstand
2. Ordnung	Kunststoff-Teilkörper	Metalleinlage (I, 1)	Papierblatt oder Papierband („Filz")	Leder-Ausschnitt („Filz")
3. Ordnung	Kunstharz-Körper	Füllstoff-Körper: Gewebe-Schnitzel (III, 4) oder Einzelfaser (III, 4) oder Korn	Einzelfaser oder Faserbündel	Faser
4. Ordnung	Molekül		Lamelle	Fibrille
5. Ordnung			Fibrille	Mizelle
6. Ordnung			Kristallit	Molekül
7. Ordnung			(Ketten-)Molekül	

A III. Skelettartig aufgebaute Körper (anorganisch und organisch)

Auf- bauteil	1 Stahl- Bauten	2 Eisenbeton-Bauten		3 Holz-Körper	4 Textilien	5 Organische Kunststoff-Körper (geschichtet)		6 Glas-Körper (geschichtet)	
1. Ord- nung	Bauwerk	Bauwerk		Gebrauchsgegen- oder stand Bauwerk	Gebrauchs- gegenstand	Gebrauchsgegenstand		Glasscheibe	
2. Ord- nung	Zusammen- gesetztes Profil	Bauglied: Saule oder Platte oder Balken oder Plattenbalken		Balken oder Bohle oder Latte oder Leiste	Gewebe- Abschnitt oder Wirkstück	Kunst- harz- Schicht	Papier- blatt (II, 2) oder Gewebe- Abschn. (III, 4)	Glas- schicht	Zwischen- schicht
3. Ord- nung	Profil-Eisen: Träger oder Winkel oder Blech	Beton- Körper	Eisenstab (I, 1)	(Periodische) Zuwachsschicht (Jahresring)	Garn oder Zwirn	Molekül		Molekül	
4. Ord- nung	Kristall oder Kristallit	Zement- Gerüst	Zuschlag: Gesteins- korn (I, 2a)	Elementarzelle	Einzelfaser: technische Faser oder Elementarfaser				
5. Ord- nung	Atom	Gel	Kristall	Fibrille	Fibrille				
6. Ord- nung		Molekül		Kristallit	Kristallit				
7. Ord- nung				(Ketten-) Molekül	(Ketten-) Molekül				

Bildgruppe A I

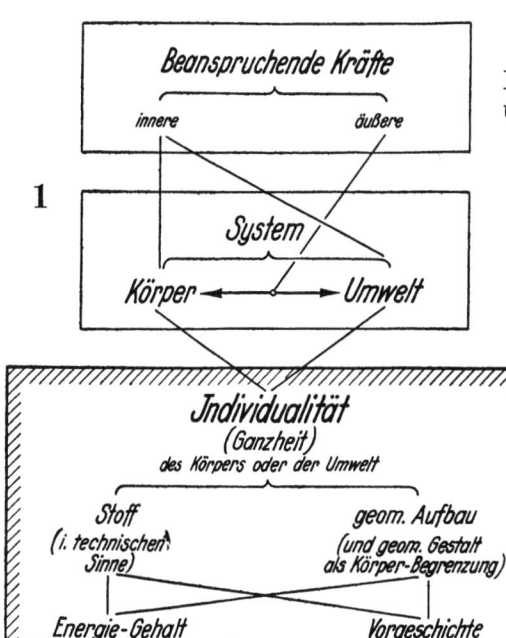

1 Entwurf: E. Seidl nebst den unter A I 3 angeführten Mitarbeitern

Das technische „Körper-Individuum" und seine Beanspruchung durch Kräfte

Körperart		Verwendungszweck
Geometrische Eigenschaften	Stoffliche Eigenschaften (im techn. Sinne); untersuchter Verformungsbereich	
Vollkörper	elastisch innerhalb zugelassener Gebrauchs-Spannungen	Stahl-Konstruktion, Maschinenbau
	teils elastisch, teils plastisch	Stahlteile, Betonfüllung, Gummiwaren
	vornehmlich plastisch	Teere und Bitumen für Straßenbau
Skelett Element: Vollkörper	elastisch und plastisch	Fachwerk, Bewehrung
Element: Skelett-Körper	elastisch und plastisch	Textil- und Draht-Gewebe
Vollkörper mit Skelett		Eisenbeton, geologischer Schichtenaufbau

Entwurf: E. Seidl

3 Einteilung technischer Körper nach dem Verwendungszweck

2 Der geometrische Aufbau des technischen Körper-Individuums

Entwurf: A. Lambertz

4 Einteilung der Körper nach dem geometrischen Aufbau und den dimensionalen Ausdehnungs-Verhältnissen

Entwurf: E. Seidl

wesentlich ausgebildet in ...Dimensionen (D)	„Voll-Körper" feste u. zähflüssige Körper	„Skelett-Körper"	„Voll-Körper m. wirksamem Skelett"
3D	Block	Gerüst	Block mit Innen-Gerüst
2D	Platte	Gitter (Gewebe) / Stoß loser Blätter	geschichtete Platte
1D	Stange / Band	loses Bündel	Strang aus Strähnen

Einteilung nach dem geometrischen Aufbau

Bildgruppe A II

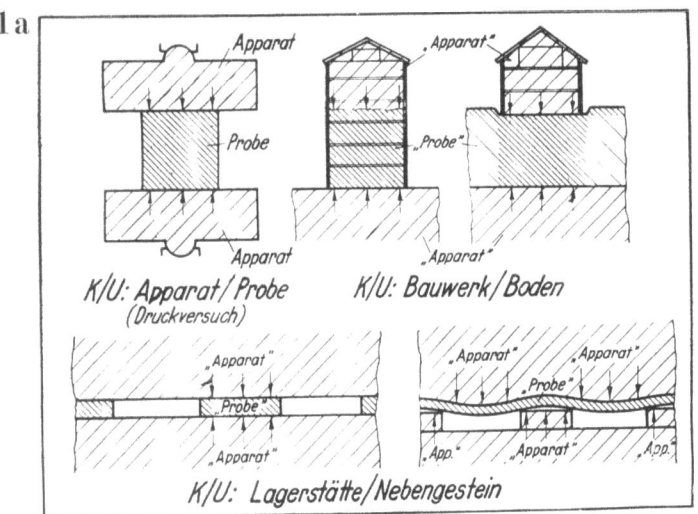

Entwurf: E. Seidl (12c), Bild 2

System Fester Körper/Fester Körper

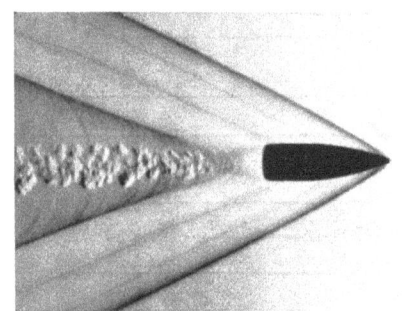

C. Cranz (2b) S. 451 Abb. 17
Aufnahme mittels Hohlspiegel, Objektiv und Schlierenblende; dabei die Blendenkante vertikal und senkrecht zur Schußrichtung

Schlierenphotographie des S-Geschosses

Das fliegende S-Geschoß von 8 mm Kaliber und 885 m/sec Geschwindigkeit samt den das Geschoß begleitenden Luftwellen und den nachfolgenden Luftwirbeln. Hinter dem Geschoß ein luftleerer Raum, begrenzt von einer Unstetigkeitsfläche, welche angenähert die Form eines abgestumpften Kegels hat.

System Fester Körper/Gasförmiger Körper

System: Körper/Umwelt

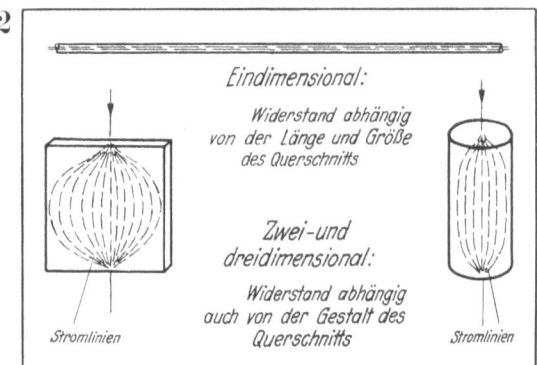

Entwurf: A. Lambertz

Einfluß der dimensionalen Ausdehnungsverhältnisse auf physikalische Eigenschaften
Elektrischer Widerstand

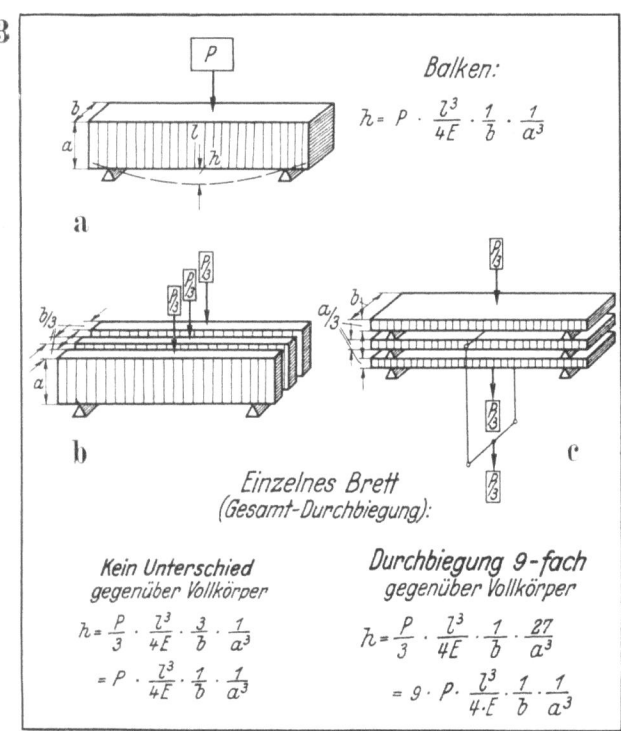

Entwurf: A. Lambertz

a) das Ganze, b) das Ganze gleich der Summe seiner Teile, c) das Ganze nicht gleich der Summe seiner Teile

Entwurf: A. Lambertz

Widerstand gegen hochfrequente elektrische Wechselströme

Wesen der Ganzheit

Bildgruppe A III

1

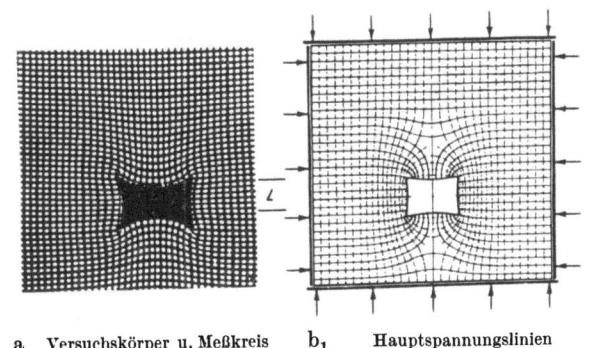 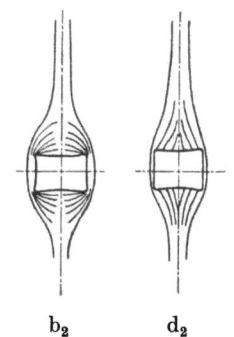

a Versuchskörper u. Meßkreis b$_1$ Hauptspannungslinien b$_2$ d$_2$

Ausweich-Möglichkeit: nur Lücke; Fall: **feste** Lagerstätten-Stöße

Hauptspannungslinien, die den Zug/Körper begrenzen

Gegenseitige Ergänzung der Methoden der Elastizitätslehre und der Systematik Bleibender Formänderungen

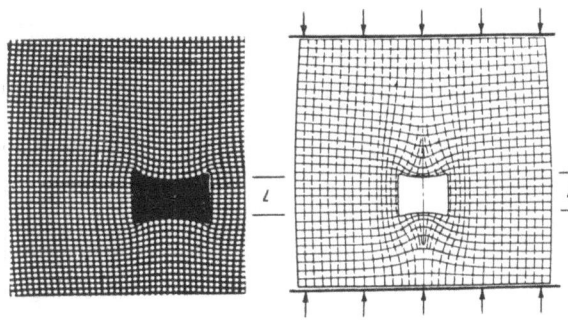 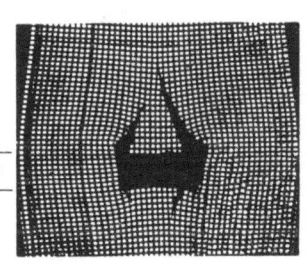

c Versuchskörper mit Meßkreisen   d$_1$ Hauptspannungslinien

Ausweich-Möglichkeit: Lücke und Außen-Umfang; Fall: **nachgiebige** Lagerstätten-Stöße

Nach Entlastung des Modells von der Höchstlast sichtbare Bleibende Formänderungen

Elastische Formänderungen anläßlich von Lücken

Zug/Körper entstanden bei Versuchen über Spannungs-Verteilung im Bereich von Lücken, die Bergbau-Strecken bedeuten

Versuche und Aufn.: E. Lehr und Kurt Seidl (7c)

2

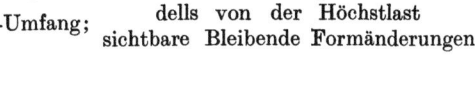

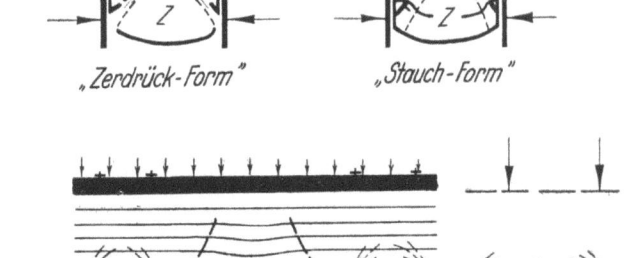 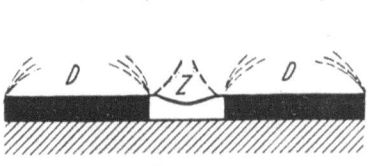

Bleibende Formänderungen anläßlich von Lücken

Systeme von Zug/Körpern (Z) und Druck-Körpern (D) bilden sich (jeweils anläßlich einer Lücke) auf Grund verschiedener Beanspruchungen in grundsätzlich immer derselben Weise

Entwurf: E. Seidl (12c), Bild 10

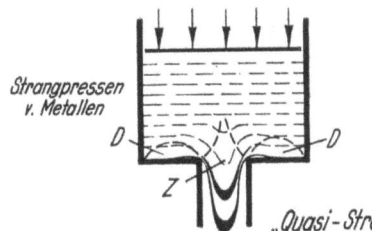 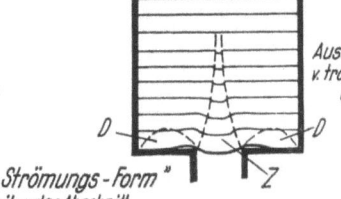

— 18 —

Bildgruppe A IV
„Strömungs-Form"

Körper von durchweg massigem Aufbau

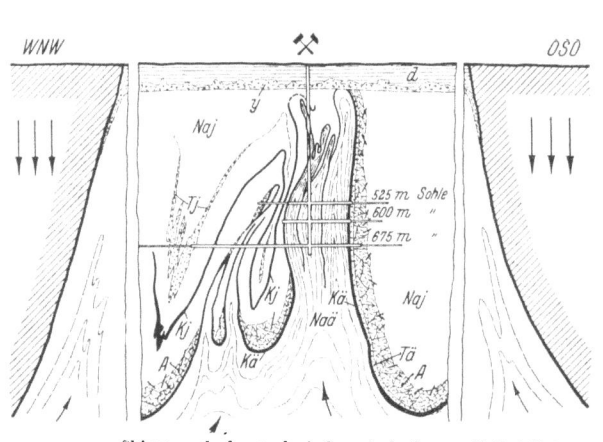

1

2 Strömungs-Figuren eines Eiskörpers in einem Gletscher-Tal und eines beim Strangpressen verformten Metallkörpers (Blei)

Zusammengestellt von E. Seidl

3

Überzogener Draht
Röntgenbild

Aufn.: M. v. Schwarz (10)
S. 167 Abb. 13

4

Versuch u. Aufn.: H. Unckel (14)
Tafel VIII, Abb. 39
Strangpressen von geschichtetem Metall

Salzstock, aufgefaßt als Strömungs-Körper

Skizze nach der geologischen Aufnahme: E. Seidl (12 b)

6

Skizze: E. Seidl (12 b) S. 133

Schema der Aufpressung eines Salzlagers Naä, Naj, älteres und jüngeres Steinsalz, dazwischen A Anhydrit, Tä Salzton und Kä Kalilager in einen Spalt im „Deckgebirge" (Trias, Jura usw.)

Geschichtete Körper

Bildgruppe A V

Dehnungs- und Zerreiß-Form

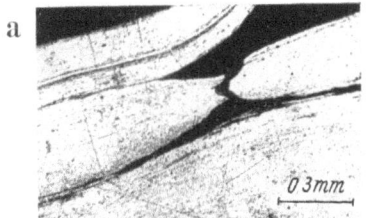
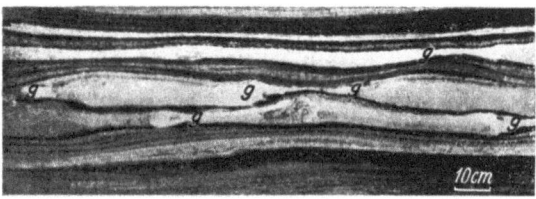

1

Querschnitte von Zerreiß-Zonen

a) Aluminium-Draht
b) geschichteter Marmor; darin (g) Löcher, die nachträglich mit Kalkspat ausgefüllt sind
c) geologische Schichten einer Gesteinsdecke, die über dem plastischen Salzlager zerriß; im Oberen Allertal durch Kalibergbau aufgeschlossen

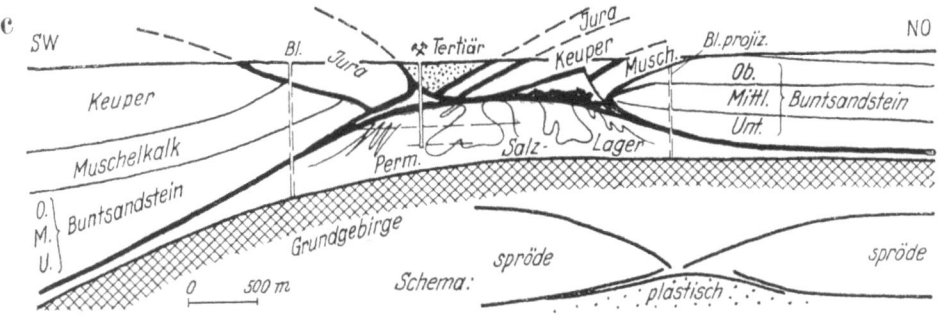

Aufnahmen zu den Bildern 1 und 2 zusammengestellt von E. Seidl, Skizzen 1d, 2e und f von E. Seidl

Querschnitt: E. Seidl, maßstäblich gezeichnet auf Grund der geologischen und bergbaulichen Aufschlüsse

2 Grundrisse von Längs-Zerreißungen

a) Prüfung von Pappe; Riß, bei fehlerfreier Pappe, quer zu der durch das Gießen des Papiers entstandenen Faserung ≡
b) Prüfung einer Glasflasche durch Inndruck; Riß, bei fehlerfreiem Glas, parallel zur Längsrichtung der Flasche
c) Prüfung eines Gewehrlaufs; Riß, bei fehlerfreiem Stahl, parallel zur Längsrichtung des Laufs
d) Spalte (schwarz) in der Erdrinde; ausgefüllt mit Golderz führendem Quarz (Comstock-Bezirk Nevada) Schema. Wegen der Form-Gleichheit mit technischen Längs-Zerrungen aufgefaßt von E. Seidl als Längsdehnungs-Spalt
e) α) Zugkräfte in der Längsrichtung in schmalem Bereich verursachen dieselbe Zerreiß-Zone wie
β) Zugkräfte in der Querrichtung in breitem Bereich

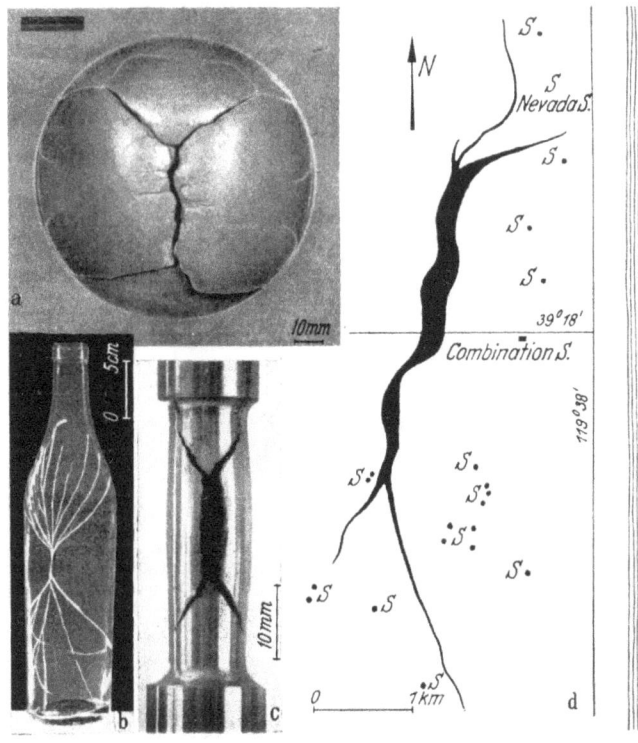
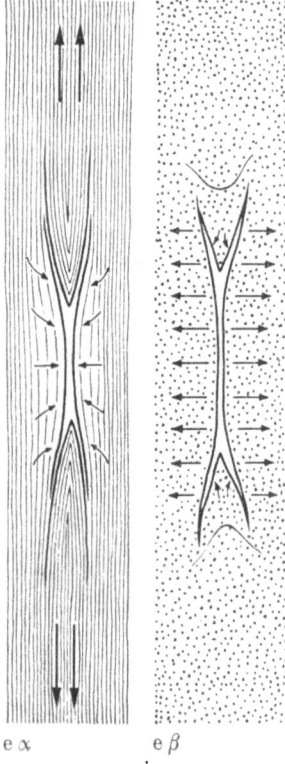

Bildgruppe A VI
Einfluß der Individualität großer Kristalle (Unter-Individuen) auf das Gesamt-Verhalten des Körpers (Ganzheit)

2a

Block, 29% Verformung →

erläutert am Bandwalzen von Blöckchen, die aus Zonen von Aluminium-Gußkörpern mit stengelförmig gewachsenen Kristallen herausgeschnitten wurden

Versuche und Aufnahmen: E. Seidl und E. Schiebold (12a)

1

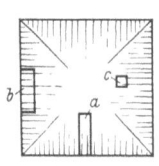

Querschnitt-Schema des Gußblocks, aus dem die Walzblöckchen herausgeschnitten sind

a — Bilder 2a bis c, b — Bilder 3a bis c, ← = Walzrichtung

2b

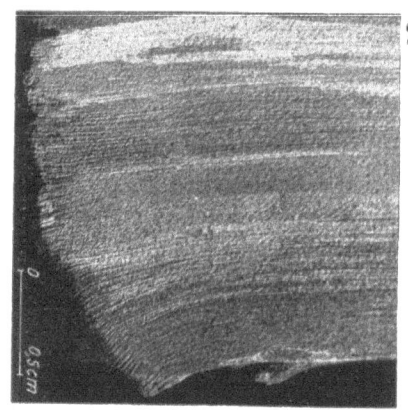

Knüppel, 79% Verformung →

2c

Band, 93% Verformung →

Kristalle parallel zur Walz-Ebene und Walz-Richtung

haben dasselbe Bestreben der Längung in Richtung ihrer Achse wie der Gesamt-Körper und bewirken daher unter Umständen eine noch schmiegsamere Verformung desselben als körnige Kristalle.

3a

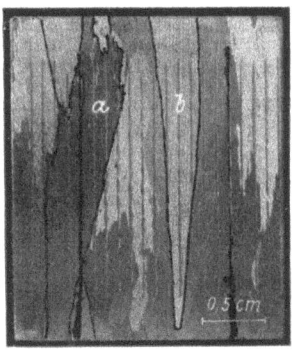

Block, Gußzustand ←

3c Knüppel, 62% Verformung

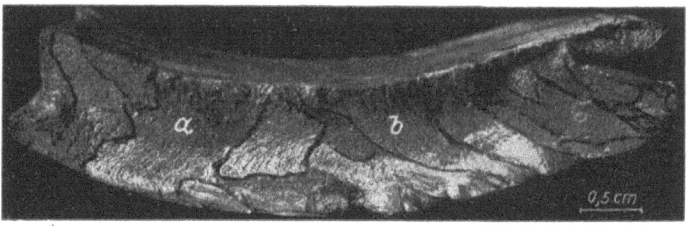

3d

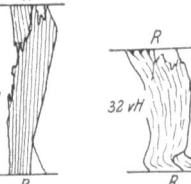

3b

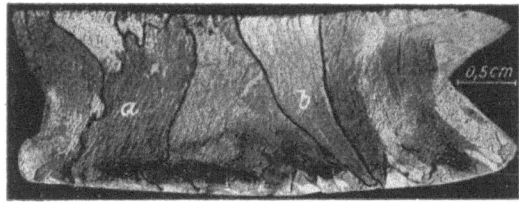

Knüppel, 48% Verformung ←

3e Hauptabschnitte der Verformung der Kristalle a und b

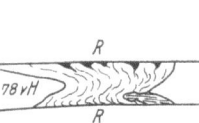
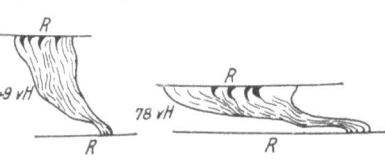

Kristalle senkrecht zur Walzebene

widersetzen sich zunächst einer ihrer Lage nicht angepaßten Verformung.

3f

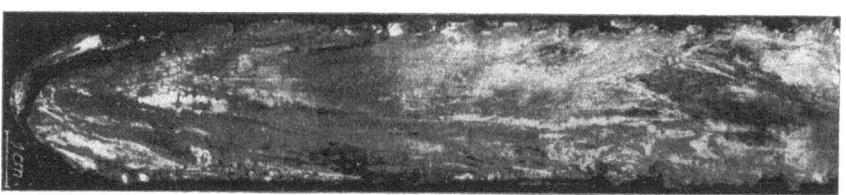

→ Band, 94,2% Verformung

II. Neuzeitliche Werkstoff-Mechanik;
als theoretische Grundlage der Werkstoff-Formgebung und -Prüfung
Von Wilhelm Kuntze

Inhalt

1. Allgemeine Begründung einer „Werkstoff-Mechanik"
2. Ergänzung der elastischen Mechanik durch die Werkstoff-Mechanik
3. Die Erscheinungen, welche eine Werkstoff-Mechanik bedingen
    a) Geometrischer Aufbau und Stoff (im technischen Sinne)
    b) Vorgeschichte und Energiegehalt
    c) Die Beanspruchung der Körper
4. Bewertung der Werkstoff-Mechanik als Wissenschaft

Bildgruppen A VII und A VIII

1. Allgemeine Begründung einer „Werkstoff-Mechanik"

Bei den Gebrauchsstoffen spielen neben der chemischen Beständigkeit und den vielseitigen physikalischen Eigenschaften die besonderen mechanischen Eigenschaften wegen der überwiegenden Häufigkeit der Fälle, in denen der Verbrauch sich auf sie stützen muß, eine hervorragende Rolle. Während die Fortentwicklung der praktischen Anwendbarkeit der Erkenntnisse auf den Gebieten der chemischen und physikalischen Beurteilung der Stoffe fast reibungslos im Rahmen der Entwicklung der beiden exakten Wissenschaften „Chemie" und „Physik" verläuft, haben sich bei der „Mechanik" als Grundlage für das mechanische Verhalten des Stoffes folgenschwere Unzulänglichkeiten ergeben.

Die exakte Wissenschaft der Mechanik arbeitet gewissermaßen „stofflos", mit Kräften, ihren Richtungen und mit in Punkten vereinigt gedachter Masse. Selbst die angewandte Mechanik (Bau-Statik, Festigkeits-Mechanik nach A. Föppl usw.) führt nur die elastischen Eigenschaften der Stoffe in den wissenschaftlichen Aufbau ein. Daß diese Entwicklung sich lediglich auf eine Lehre von den Kräften und daraus erfolgenden Anspannungen beschränkt und nicht die Gesetze der Tragfähigkeit und der plastischen Formänderung der Werkstoffe bei den verschiedensten Anspannungs-Möglichkeiten einbezieht, soll im 2. Abschnitt noch nähere Erörterung finden. Hervorgehoben sei vorerst, daß die Festigkeits-Theorie der plastischen und spröden Stoffe bisher noch kein einheitliches Gepräge zeigte, wohingegen die Erfahrungen der Physik, der Chemie und Metallographie auf allgemein anerkannter Grundlage arbeiten können.

So ist im einschlägigen Schrifttum des Maschinenbaues und des Stahlbaues das Bedürfnis nach der Ausfüllung dieser großen Lücke bemerkbar. Der Irrtum in der stillschweigenden Voraussetzung, daß die Materialprüfung ein voraussagendes Urteil über die Bewährung des Werkstoffes im Betriebe abgeben könne, wird mehr und mehr erkannt. Der Maschinenbau behilft sich heute mit der konstruktiven Bearbeitung der „Gestalt-Festigkeit" der Maschinenelemente in der Erkenntnis, daß der Einfluß der Gestalt auf die Festigkeit eine der Tatsachen ist, die in der genormten Materialprüfung noch nicht berücksichtigt werden (vgl. die nachfolgende Begriffs-Erklärung der Gestalt-Festigkeit). Alles bedeutet vorerst noch mühevolle Einzelarbeit. Vereinzelte Versuche zur allgemeinen und grundsätzlichen Behandlung sind bisher gescheitert, weil sie auf einseitigen und herkömmlichen Grundlagen aufgebaut werden mußten und weil das notwendig Neue kaum Geltung finden konnte. Man erkennt aber auch aus der neuesten öffentlichen Stellungnahme zur Werkstofffrage in der Konstruktion[1], daß man, bei der Unzulänglichkeit der Prüf-Konstanten, sich vorerst noch damit begnügt, die Festigkeit als individuelle Proben-Eigenschaft anzusehen und von der Gestalt-Festigkeit als einer an eine ganz bestimmte Konstruktions-Form gebundenen Eigenschaft zu sprechen. Die Werkstoff-Mechanik gibt sich mit dieser rein statistischen Feststellung nicht zufrieden. Sie sieht in der Gestalt-Festigkeit wie überhaupt in den Bewährungs-Eigenschaften die allgemeingültige gesetzmäßige Abhängigkeit von wissenschaftlich wohl definierten Beanspruchungen, die bei der Normen-Prüfung zahlenmäßig nicht erfaßt werden, z. B. dem räumlichen Spannungs-Zustand, der ungleichmäßigen Verteilung der Spannungen. Erst bei Kenntnis dieser Gesetzmäßigkeiten kann die Konstruktionslehre, die immer noch rezeptartig arbeitet, sich zur wissenschaftlich begründeten Lehre ausbauen.

Im Gebiet der Stahlbau-Praxis wird das neue Problem mehr von der theoretischen Seite angefaßt; man spricht von einer „Neuen Plastizitäts-Theorie". Daß hier die Gegensätze zwischen dem klassischen Elastizitäts-Theoretiker und dem fortschrittlich arbeitenden Plastizitäts-Theoretiker weite Folgen gezeigt haben, ist dem Eingeweihten bekannt.

---

[1] H. Ude: Die Werkstoff-Forschung als Grundlage der Konstruktionen. 75. Hauptversammlung des VDI, 1937. Z. VDI Bd 81 Nr. 32.

Auch die **Stahlerzeugung** zeigt sich heute aufnahmefähiger als früher für Neuforschungen auf dem Gebiete der Festigkeitsfragen. Sie berücksichtigt immer mehr, daß sich die Erzeugung nach dem Verbrauchs-Zweck[2] richten muß, und daß dieser heute andere und schwierigere Fragen der Festigkeit aufwirft als früher.

Anders liegen die Dinge bei der **Kunststoff-Industrie**, die, in der glücklichen Lage, nicht durch eine einseitig entwickelte Vergangenheit gewohnheitsmäßig belastet zu sein, in ihrer Neuentwicklung sich von vornherein besonders aufnahmefähig für neuzeitliche Gesichtspunkte in der Festigkeitsfrage zeigt. Sie faßt einerseits infolge der Artung ihrer Stoffe die Festigkeitsfrage anders auf als die Metall-Industrie, andererseits ist sie, weil die Kunststoffe mehr und mehr mit den Metallen gemeinsam zum Verbrauchskörper verarbeitet werden, auf gemeinsame Begriffsbildungen und auf einen gemeinsamen theoretischen Aufbau mit ihrer Partnerin angewiesen. Hieraus entsteht ein starker Antrieb für die Entwicklung einer über den Stoffen stehenden „**Werkstoff-Mechanik**". Es ist kein Zufall, wenn beispielsweise die noch in der Entwicklung begriffene Kunststoff-Industrie die Schlag-Festigkeit unter dem Gesichtspunkte der Massen- und Geschwindigkeits-Einwirkung prüfen ließ, wozu die Metall-Industrie in ihrer langen Entwicklungszeit aus einer einseitig methodischen Auffassung heraus bisher nicht Gelegenheit genommen hat.

Weniger als auf den vorgenannten Stoff-Gebieten läßt sich bei den **Textilien** übersehen, ob mechanische Eigenschaften und mechanische Bewährung nach Grundgesetzen behandelt werden können, die auch für die übrigen Werkstoff-Gebiete Geltung haben. Die Textilien erscheinen im Gebrauch als „Gewebe", also einer Konstruktion, die in den übrigen Stoffgebieten bis auf wenige Ausnahmen (z. B. Draht-Sieb, Draht-Seil) nicht wiederkehrt. Die mechanischen Anforderungen an ein Gewebe sind anderer Art als beispielsweise bei einem Maschinenteil. Der Begriff einer „Gestalt-Festigkeit" wäre bei einem „skelettartigen" Gewebekörper in anderer Richtung zu entwickeln als bei den „massigen" Körpern, die in der Metallindustrie im Vordergrunde stehen. Das sind aber nur Unterschiede, die durch den Verwendungs-Zweck bestimmt werden.

Was den Stoff anlangt, so zeigen sich bei den Textilien wiederum weitgehende Analogien zu den anderen Stoffgebieten. Erwähnt sei nur der Einfluß der Größe des Faser-Durchmessers auf die spezifische Festigkeit. Die Textil-Industrie ist ja gegenüber der Stahl-Industrie in der glücklicheren Lage, dünnste Faser-Querschnitte mit außerordentlich hohen Festigkeits-Eigenschaften verwenden zu können. Beim Maschinenbau ist der nachteilige Einfluß der Körpergröße auf die Festigkeit schwer umgehbar; nur der moderne Leichtbau verwendet mit Vorteil Konstruktionen mit möglichst dünnen Profilen. Das Ziehen von Kunstfasern in der Düse ist ebenfalls ein Vorgang, der auf anderen Stoffgebieten seine Vorbilder findet. So erscheint auch für das Textilgebiet der Begriff einer zusammengefaßten **Werkstoff-Mechanik** berechtigt.

Die Fachgebiete der **künstlichen und natürlichen Gesteine und der Keramiken** befassen sich weniger mit Fragen der Gestalt-Festigkeit als mit denen der günstigsten Zusammensetzung ihrer Baustoffe. Eine Behandlung dieser Frage erscheint besonders erfolgreich, wenn sich diese Fachgebiete die Erfahrungen der anderen Fachrichtungen besonders hinsichtlich des Einflusses des Gefüges auf die mechanischen Eigenschaften nutzbar machen. Gerade hier kann die Werkstoff-Mechanik zusammenfassende Arbeit leisten, denn sie unterscheidet sich ja von der klassischen (auf der „Mechanik" beruhenden) Festigkeitslehre dadurch, daß sie weitgehend den Stoff berücksichtigt und die Eigenschaften auf die stoffliche Zusammensetzung und das Verhalten des Gefüges zurückführt, wobei sie sich im weiten Rahmen der Gesetze der Physik und der Chemie bedient.

Daß in der Praxis eine Zersplitterung der Auffassungen über die mechanischen Eigenschaften der Werkstoffe eingetreten ist, liegt in der getrennten Entwicklung der Anschauungen in den verschiedenen Stoffgebieten und hinsichtlich der verschiedenen Verbrauchszwecke der Stoffe begründet. Daß andererseits die verschiedensten Stoffe bei Beanspruchungen sich nach einheitlichen Grundsätzen verhalten, zeigt die „**Systematik der Bleibenden Formänderungen**", die den Beginn einer planmäßigen Vereinheitlichung des Wissens vom überelastischen Verhalten des Stoffes bedeutet; denn unter „Bleibenden Formänderungen" sind hierbei alle nicht reversiblen Vorgänge, also Trenn- und Plastizitäts-Erscheinungen verstanden.

Die Gründung des **Instituts für Werkstoff-Mechanik** am Staatlichen Materialprüfungsamt Berlin-Dahlem darf als erster praktischer Schritt innerhalb dieser planmäßigen Vereinheitlichung aufgefaßt werden. Während die Werkstoff-Prüfung innerhalb dieses Staats-Amts bisher nach Stoffen unterteilt war, ist für die Gründung dieses und der drei anderen wissenschaftlichen Institute erstmalig ein überstofflicher Gesichtspunkt maßgebend gewesen[3]. Die in der Praxis sich entwickelnde Zersplitterung hat sich auf die **Technischen Hochschulen** übertragen. Man findet die Werkstoff-Prüfung als empirisches Lehrgebiet, zergliedert nach den Belangen der Fakultäten und der Stoffrichtungen; die Fragen der stofflichen Festigkeit werden zum Teil in den Lehrgebieten der Mechanik, der Baustatik, der Mechanischen Technologie und der Metallkunde behandelt; die Fragen der Bearbeitbarkeit und spanlosen Formgebung bilden wiederum Lehrgebiete für sich. Diese Zersplitterung erschwert nicht nur die einheitliche Fundierung und Fortentwicklung dieses so wichtigen Stoffgebietes, sie darf auch als überflüssiger Aufwand an geistiger Energie angesprochen werden; denn die Grundlagen aller dieser Abzweigungen der Werkstoff-Mechanik sind einheitliche und ihre logische Zusammenfassung erlaubt es dem Lernenden, alle ihm in der späteren Praxis unterlaufenden Einzelfälle logisch zu verknüpfen und mit Hilfe der allgemeingültigen Grundlagen zu verstehen.

[3] Vgl. Anm. 2.

---

[2] Kennzeichen und Gütezeichen als Mittel der amtlichen Verwaltung der Werkstoff-Prüfung und -Forschung; Prüfungszeugnisse. Mitt. dtsch. Mat.-Prüf.-Anst., Sonderh. XXXI (1937) Abschn. IV. Verlag J. Springer, Berlin.

2. Ergänzung der elastischen Mechanik durch die Werkstoff-Mechanik

Die klassische Werkstoffprüfung fußte auf der Elastizitäts-Theorie (bei elastischer Formänderung) unter Nutzbarmachung der durch Prüfung erhaltenen Festigkeits-Konstanten (bei bleibender Formänderung) der Werkstoffe. Alle Verhältnisse der Beanspruchungen des zu prüfenden Körpers und seiner ihn umgebenden mechanischen Einwirkungen sollten durch Gesetze der Elastizitäts-Theorie beherrscht werden, während der Stoff selbst durch die empirisch ermittelten Prüf-Konstanten Berücksichtigung fand, die man in die elastizitätstheoretische Rechnung einsetzte.

Dieses Verfahren erfüllte nur während der ersten Entwicklung der Werkstoffprüfung im großen und ganzen seinen Zweck. In neuester Zeit ergab sich indessen ein immer größer werdender Widerspruch zwischen den Ergebnissen der genormten (Abnahme-) Prüfung und der Kennzeichnung des Werkstoffes nach seiner Bewährung, also seines Verhaltens unter Berücksichtigung aller im Betriebe oder in der Natur auf ihn einwirkenden Umstände [4].

Als man diesen Widersprüchen auf den Grund ging, ergab sich, daß die Festigkeits-Vorgänge sich aus der Elastiziztäts-Theorie allein nicht voraussagen lassen; denn sie sind immer an Trenn- und plastische Verformungs-Erscheinungen geknüpft, und das Wesen der elastischen Verformung unterscheidet sich grundsätzlich von dem der plastischen Verformung (Bild A VII, 1). Zur elastischen (stofflosen) Mechanik (die zwar für sich genommen gültig bleibt) tritt als Ergänzung die Werkstoff-Mechanik hinzu. Während die elastische Mechanik die Anspannungen zu ermitteln hat, gibt die Werkstoff-Mechanik Auskunft über die Gesetze des Verhaltens des Werkstoffes bei diesen Anspannungen. Wie die Elastizitäts-Theorie eine Grundlage der Bau-Statik bildet, so stellt die Werkstoff-Mechanik die Bewährungs-Prüfung auf gesetzmäßige Grundlagen.

Für die Werkstoff-Mechanik spielt die Plastizität und die Kohäsion immer die Hauptrolle, man unterscheidet hinsichtlich der Anwendung zwei praktische Fälle:

1. Eine Bleibende — auch nur plastische — Formänderung ist nicht erwünscht.

   Der Gebrauchskörper würde seine Nutzgestalt verlieren und unbrauchbar werden. Bleibende Formänderungen setzen eben erst an. Maßgebend ist für diesen Fall die Gesetzmäßigkeit des Beginns plastischer Formänderungen oder des verformungslosen Trenn-Bruches als Folge des rein elastischen Spannungs-Zustandes.

2. Eine Bleibende (plastische) Formänderung ist beabsichtigt.

   Das sind die Fälle des Formens, Schmiedens, Pressens, Walzens, Ziehens, bei denen es darauf ankommt, denjenigen Verformungsgrad zu kennen, bis zu welchem die Kohäsions-Widerstände noch nicht überwunden werden. Man will hier einen Werkstoff haben, der fähig zu bestimmter Gestaltsänderung ist.

Mit der Kennzeichnung dieser beiden Grenzfälle wird nicht etwa gesagt, daß diese der Werkstoff-Mechanik als Wissenschaft gesonderte Aufgaben stellen; man soll lediglich einen Überblick über den Umfang der praktischen Anwendungen erhalten. Der erste Fall umfaßt hauptsächlich die Belange der spanabhebenden Formgebung und damit auch die Belange des Konstrukteurs als Verbraucher. Der zweite Fall betrifft die spanlose Formgebung, welche vorwiegend der Erzeugung zuzurechnen ist.

3. Die Erscheinungen, welche eine Werkstoff-Mechanik bedingen

a) Geometrischer Aufbau und Stoff (im technischen Sinne)

α) Einfluß der Gestalt

Bisher hatte man bei der Materialprüfung den Einfluß der Körper-Begrenzung auf die Festigkeit vernachlässigt. Das lag daran, daß die Prüf-Normen vornehmlich auf elementare Prüfkörper abgestellt wurden und daß man glaubte, mit den daraus gewonnenen Verhältniszahlen der Stoffe, die man für den jeweiligen Stoff als Festigkeits-Konstante betrachtete, auch die Festigkeit irgendwie gestalteter Gebrauchskörper abschätzen zu können. Diese Annahme könnte höchstenfalls bei statischer Beanspruchung in Kauf genommen werden, da hierbei Einflüsse der Gestalt häufig keine Nachteile, sondern, soweit zähe Werkstoffe in Frage kommen, sogar Erhöhungen der spezifischen Festigkeit gegenüber den Größen brachten, die an den genormten Proben ermittelt worden waren (Bild A VII, 2).

Bei der Schlag- und Schwingungs-Beanspruchung wirkt indessen der Einfluß einer unregelmäßigen Körper-Geometrie meist nachteilig. Bei ersterer beschränkte man sich auf eine einfache Prüfung mittels gekerbter Proben, jedoch war es zu schwierig, eine allgemeine Theorie der Übertragbarkeit dieser Prüf-Ergebnisse auf verschiedene Verhältnisse der Praxis aufzustellen. Erst die neuere Ausbildung der Dauerwechsel-Prüfung (Schwingungs-Prüfung) machte ein planmäßiges Studium des Einflusses der Gestalt notwendig. Ein solcher ist nicht allein auf den durch die Gestaltung hervorgerufenen ungleichmäßigen Spannungszustand zurückzuführen, der einzelne Körperteile besonders stark beansprucht und sie verfrüht versagen läßt. Wäre dieser Teil-Einfluß allein wirksam, so wäre er durch die Elastizitätstheorie aufzuklären. Aber das plastische Verhalten und die Trennvorgänge zeigten ganz andere Gesetze, so daß man die Ergebnisse der primitiven Werkstoffprüfung nicht verwerten

---

[4] Daß man sich vielfach damit behalf, den Werkstoff unter weitgehender Nachahmung der praktischen Verhältnisse zu prüfen, ist für die vorliegenden Betrachtungen bedeutungslos. Wenn auch das so gewonnene Ergebnis ein „sicheres" war, so blieb es doch jeweilig ein Einzelfall. Die für jeden neuen Fall erforderlichen Wiederholungen machen diese Handhabung kostspielig und Einblicke in die Ursachen, die ja die notwendige Voraussetzung für „Voraussagen" sind, bleiben versagt.

kann (Bild A VII, 3[5]). Die Ursache dieses Verhaltens liegt darin, daß ein Teilchen sich herausgeschnitten anders verhält als im Zusammenhang (Ganzheits-Problem), selbst wenn man am herausgeschnittenen Teilchen die Spannungen genau so ergänzen würde, wie sie im zusammenhängenden Körper auftreten. Dieses Ergebnis steht, wie schon erwähnt, im Gegensatz zur Elastizitäts-Theorie; und damit erklärt sich, daß der herausgeschnittene Prüfstab kein praktisch verwertbares Ergebnis liefert, und daß so manche Theorien, die von rein elastizitäts-theoretischem Denken ausgehen, nicht wirklichkeitsgetreu sind.

Die „Ganzheits-Betrachtung" — wonach das Ganze sich schließlich anders verhält als die Einzelteile — ist ein charakteristischer Bestandteil der Plastizizätslehre. Damit soll aber nicht gesagt sein, daß die Werkstoff-Mechanik nur von außen an die Dinge herangeht. Im Gegenteil, das Ganzheits-Problem als Erklärungsgrundlage findet nur dann Nahrung, wenn die wissenschaftliche Analyse versagt und man durch eine planmäßige Statistik der äußerlichen Erscheinungen wenigstens den Überblick über das Erfahrungsmaterial zu retten vermag. Hinsichtlich der Gestalt-Festigkeit hat die Analyse bisher deshalb versagt, weil sie sich einseitig nur auf die klassische Mechanik und die empirische Festigkeits-Prüfung stützte. Das Neuartige der Werkstoff-Mechanik liegt aber darin, daß sie die Analyse auf eine verbreiterte stoff-wissenschaftliche Grundlage stellt. So begnügt sich die Werkstoff-Mechanik auch nicht mit der Tatsache, daß jeder anders gestaltete Konstruktionsteil eine andere Gestalt-Festigkeit besitzt, sondern betreibt eine Analyse der Gestalt-Festigkeit, um diese für beliebige Fälle vorausberechnen zu können.

Der Einfluß der Körper-Geometrie zeigt sich auch bei Körpern von verhältnis-gleicher Gestalt, aber verschiedener absoluter Größe. Nach der Elastizitäts-Theorie ist ein solcher Einfluß nicht denkbar; der Ingenieur war infolge seiner elastizitäts-theoretischen Schulung gewohnt, die an kleinen Körpern gewonnenen Erfahrungen auf größere zu übertragen. Der Einfluß der Größe ist bedingt durch ungleichmäßige Gestaltung. Glatte Prüfstäbe zeigten also den Größeneinfluß entweder gar nicht oder kaum. In der Praxis wurde der Größen-Einfluß bei Konstruktionsteilen nachteilig erst fühlbar, seit die Schwingungsprüfung wieder in den Vordergrund des Interesses getreten ist. Das Beispiel Bild A VII, 4 zeigt, daß Maschinenteile, wenn sie bei gleicher spez. Tragfähigkeit vergrößert werden sollen, nicht in proportionalen Maßen, sondern nur in überproportional gemilderten Formen vergrößert werden dürfen. Die Aufgaben der Beeinflussung der Festigkeit durch die Körpergröße können vermutlich nur durch eine kinetische (unter Einbeziehung der Zeit) an Stelle einer spannungs-technischen Betrachtungsweise (ohne Einbeziehung der Zeit) gelöst werden.

Der Begriff „Hochwertigkeit" der Stähle ist aus diesen Ursachen heraus mehr und mehr einer Wandlung unterworfen. Früher lag die Zug-Festigkeit der Bewertung zugrunde, heute legt man mehr Wert auf die „Gestalt-Festigkeit".

β) Einfluß der Aufbauteile und des Stoffs (im technischen Sinne)

Bisher hatten sich die verschiedenen (chemische, physikalische, metallographische) Zweige der Gefügekunde aus dem Gesichtspunkte heraus entwickelt, daß die einseitige mechanische Beurteilung des Werkstoffes nicht genüge. Die einzelnen Richtungen der Gefüge-Untersuchungen führten aber zunächst noch ein getrenntes Dasein. Die Werkstoff-Mechanik setzt sich indessen heute das besondere Ziel, das mechanische Verhalten auf den Gefüge-Zustand zurückzuführen, um auf diesem Wege nicht nur die Bewährung der Werkstoffe zu prüfen, sondern auch die Erzeugung nach Bewährungs-Grundsätzen in zielsichere Bahnen zu lenken. Die Abhängigkeit der Eigenschaften vom Gefüge läßt sich nicht nur bis zu den mit dem Auge (meist verstärkt durch das Mikroskop) beobachtbaren Grenzen nachweisen; vielmehr ist es gelungen, selbst den indirekten Nachweis der Abhängigkeit technischer Festigkeits-Begriffe (wie Zug-Festigkeit oder Härte) von Gitter-System, Atomgewicht, Dichte zu erbringen; Bild A VIII, 5[6]. Aber diese Beziehungen sind zunächst nur qualitativ zu werten. Die quantitative Abhängigkeit der Eigenschaften vom Gefüge hängt vom Ganzheits-Begriff ab (Abschnitt 3a α). Die quantitative Wirkung des ganzen ist nicht die einfache Summe der Eigenschaften der Einzelteilchen, sondern eine spezielle zusammengesetzte Funktion des Gesamt-Zustandes. Die Abhängigkeit dieser zusammengesetzten Funktion von den Gefüge-Bestandteilen zu ergründen, ist eine weitere analytische Aufgabe der Werkstoff-Mechanik.

Aus den bisher entwickelten Gedankengängen ließe sich folgern, daß die Eigenschaften nur aus einer Analyse des Feinbaues festzustellen wären und daß der Begriff des technischen Stoffes sich erübrige. Sind der Feinstruktur-Messung technische Grenzen gesetzt, so ist der Begriff „Stoff" ohnehin unumgänglich. Man spricht dann davon, daß ein bestimmter Stoff in seinen verschiedenen Gefüge-Änderungen dieses oder jenes Verhalten zeigt, z. B. legierter Stahl im geglühten und vergüteten oder gereckten Zustand. Aber, selbst wenn es gelänge, den Einfluß des Gefüges bis in die äußersten Grenzen zu verfolgen (Atomkern und Elektronen-Hüllen) und selbst wenn der Anschein erweckt würde, als ob die Eigenschaften (entsprechend Bild A VIII, 5) lediglich eine Folge des inneren Aufbaues seien und sich eine Benennung des Stoffes damit erübrige, dann zwänge uns dennoch die Natur bestimmte „Stoff-Ganzheiten" auf. Wir wissen, daß es unter den 92 Elementen 52 Metalle gibt. Gedanklich sind wir in der Lage, uns unendlich viele Metallarten mit Hilfe des Struktur-Aufbaues auszudenken. Aber das periodische System der Elemente läßt immer nur bestimmte Aufbau-Gruppierungen zu

---

[5] W. Kuntze: Einfluß ungleichförmig verteilter Spannungen auf die Festigkeit von Werkstoffen. Mitt. dtsch. Mat.-Prüf.-Anst., Sonderheft XXXII S. 68. Verlag J. Springer, Berlin.

[6] W. Kuntze: Gestaltliche Gefüge-Beschreibung als aussichtsreiche Grundlage der mechanischen Werkstoff-Beurteilung. Mitt. dtsch. Mat.-Prüf.-Anst., Sonderheft XXXII S. 86. Verlag J. Springer, Berlin.

und begrenzt damit die Zahl der Möglichkeiten. Die Natur treibt also eine Art Planung und schafft nur eine beschränkte Anzahl typisierter „Stoffe", so daß man mit Recht vom „Stoff" spricht, selbst wenn man die Eigenschaften aus dem Aufbau allein voraussagen kann. Das periodische System erklären wir uns ebenfalls geometrisch, so daß die Gefüge-Geometrie, die uns einerseits Aufschluß gibt, welcher Art (ohne Kenntnis seines Namens) der Stoff ist, uns andererseits zwingt, den „Stoff" als Natur-Ganzheit anzuerkennen.

b) Vorgeschichte und Energiegehalt

Die bisherige, auf der Elastizitäts-Theorie aufbauende Festigkeitslehre, übersah absichtlich die Tatsache, daß der Einfluß der Temperatur die Grundlage der Eigenschafts-Bewertung der Werkstoffe bildet. Man umging die Würdigung dieser Tatsache damit, daß die einfache Prüfung sich nur auf eine jeweilige „Prüf-Temperatur" bezieht. Die mechanischen Eigenschaften standen so sehr im Vordergrund des Interesses, daß man sie gern gesondert behandelte und sich jeder Beschwerung dieser Betrachtung durch Nebenerscheinungen entledigte. Die Berücksichtigung der Temperatur überließ man dem Erzeuger. Eine stoff-mechanische Betrachtungsweise kann die Einbeziehung des Einflusses der Temperatur nicht entbehren. Zeit und Temperatur bedeuten zwei Einflüsse, die immer gemeinsam wirken, auch die „Vorgeschichte" stellt, vom ursächlichen Standpunkt aus gesehen, keine neuen Probleme.

Daß in der Praxis die Veränderlichkeit der Eigenschaften mit der Temperatur unmittelbar eine bedeutende Rolle spielt (Hitze-Beständigkeit, Sprödigkeit bei Frost, Wärme-Behandlung, Vergütung) braucht im einzelnen nicht angeführt zu werden. Dieser Fragenbereich ist eine Wissenschaft für sich. Hervorzuheben ist aber, daß diese Einflüsse nicht nur aus sich heraus bestehen, sondern, wie das Beispiel Bild A VIII, 6 zeigt, in Verbindung mit aufgebrachten Spannungen besonders aktiv sind (Walzprofil-Herstellung aus Aluminium-Legierungen!).

Die Temperatur-Abhängigkeit ist zugleich zeitbedingt (Alterung). Die Lagerzeit von Werkstoffen ist häufig mit einer Eigenschafts-Änderung verbunden. Man spricht von einem „thermischen Zeiteffekt". In der praktischen Festigkeitslehre hat man sich bisher wenig darum gekümmert, worin die thermischen und zeitlichen Einflüsse auf die Festigkeit beruhen, obgleich die physikalische Richtung der Stoffkunde (Kristall-Lehre) hierzu zahlreiche grundsätzliche Feststellungen geliefert hat. Es gehört ebenfalls zum Aufgabenkreis der Werkstoff-Mechanik, diese Erkenntnisse für die praktische Festigkeitsfrage nutzbar zu machen.

Ein thermischer Zeiteffekt begründet z. B. auch die geringe Dauerwechsel-Festigkeit im Vergleich zur statischen Festigkeit. Bei letzterer erholen sich die schon bei Überschreitung der Proportionalitäts- und Elastizitäts-Grenze entstehenden dispersen Kohäsions-Risse durch Anlagerung von Atomen (innere Sublimation); bei wiederholtem Richtungs-Wechsel der Anspannungen ist diese Erholung eingeschränkt. Und doch ist sie auch hier von erheblicher Einwirkung; denn manche Werkstoffe ertragen einen dauernden, bis ins plastische Gebiet reichenden Lastwechsel und verrichten dabei eine plastische Arbeit, ohne zu ermüden, während bei anderem Material (mir geringer Erholungsfähigkeit) bei Überschreitung der Elastizitätsgrenze auch die Dauerfestigkeit erschöpft ist. Ist ein Werkstoff schon einige Zeit lang über seine Dauer-Festigkeit hinaus beansprucht, so ist seine Erholung auch bei längerem Lagern meist nicht mehr möglich, weil die Risse zu groß geworden sind. Man spricht dann von einer „Zeit-Festigkeit" im Gegensatz zur Dauer-Festigkeit. Häufig genügt die Zeit-Festigkeit, wenn die Lebensdauer eines Gebrauchskörpers nur beschränkt zu sein braucht (Grundsatz der „Zweckbedingten Güte"[7]), man hat den Vorteil einer höheren Beanspruchungs-Möglichkeit (Kraft ersetzt Zeit).

Während die Herabsetzung der Dauer-Festigkeit bei schwingender (wechselnder) Beanspruchung durch einen Mangel an Kohäsions-Erholung begründet ist, ist die Herabsetzung der Dauerstand-Festigkeit (nichtwechselnde Beanspruchung) umgekehrt durch eine Erholung der Gleit-Festigkeit zu erklären. Die Zeit wirkt also auf den Kohäsions-Widerstand verfestigend, auf den Gleit-Widerstand entfestigend ein; ein Grundsatz, der hinsichtlich der Kohäsions-Erholung noch nicht genügend beachtet wird. Nicht unerwähnt soll bleiben, daß der Begriff der Kohäsions-Erholung sich aus der mechanischen Betrachtung, die Gleit-Erholung hingegen sich gefügetechnisch ergeben hat. Bild A VIII, 7 bringt eine Erfahrungsübersicht, aus welcher hervorgeht, ob bei verschieden gearteten Anstrengungen die Plastizität oder die Kohäsion beim Versagen wirksam wird.

Neben dem thermischen Zeiteffekt gibt es einen nichttemperatur-abhängigen Einfluß der Zeit, einen „athermischen Zeiteffekt". Dieser ist bei der Schlag-Beanspruchung wirksam. Er erhöht den Gleit-Widerstand, so daß die Kohäsion ohne Verformung erreicht wird (geringe Schlagarbeit).

Schließlich gibt es außer dem bisher betrachteten thermischen und mechanischen (athermischen) Zeiteffekt noch einen chemischen Zeiteffekt, z. B. die Korrosion. Bei der Korrosions-Wechsel-Festigkeit verläuft der Einfluß der Zeit anders als bei der rein thermisch begründeten Wechsel-Festigkeit (Bild A VIII, 8).

c) Die Beanspruchung der Körper

Die „Umwelt", die Kräfte auf einen zu prüfenden Körper überträgt, kann ein fester Körper sein aus gleichem oder anderem Werkstoff; sie kann außerdem Luft oder Gas, Wasser oder stärker chemisch wirkende Flüssigkeit sein.

Die gasförmige und flüssige Umwelt kann chemisch reagieren. Wenn man von Korrosions-Ermüdung spricht, so ist die Wirkung nicht rein chemisch bedingt, sondern sie stellt eine durch gleichzeitige mechanische Beanspruchung stark aktivierte chemische Reaktion dar. Die Einflüsse mechanischer Anspannung auf chemische oder thermische Umwandlungen sind in neuerer Zeit mehr und mehr bekanntgeworden. Sie geben Aufschluß darüber, daß wirkungsschwache oder wirkungslose Einzel-

---
[7] Vgl. Anm. 2.

Erscheinungen bei der Zusammenfügung eine unerwartete Wirkung erzielen.

Werden durch Gase oder Flüssigkeiten mechanische Drucke ausgeübt, so sind diese gleichmäßig verteilt. Hingegen ist bei einem festen Körper als Widerlager die Druck- oder Zug-Verteilung meist ungleichmäßig, wodurch das Gesamtergebnis beeinflußt wird. Auch die Art, wie die Kräfte nach ihrer Richtung im Raum verteilt sind, hängt von der Umgebung des zu prüfenden Körpers ab. In Flüssigkeiten oder Gasen ist der Druck allseitig, während bei Einspannung des Körpers in festen Widerlagern meist nur wenige Raum-Richtungen wirksam werden. Die Festigkeit wie auch das Verformungs-Vermögen der Werkstoffe bei mehrseitigen Beanspruchungen ist eines der wichtigsten Werkstoff-Probleme, das immer noch keine befriedigende Lösung gefunden hat.

Es ist nicht gleichgültig, ob die Umwelt, die auf einen zu betrachtenden Körper Kräfte überträgt, aus dem gleichen Stoff wie der Körper oder einem anderen Stoff besteht. Die Vorgänge der Lager-Reibung und -Abnutzung, der spanabhebenden Formung werden hiervon stark beeinflußt. Ob die Widerlager plastisch oder spröde sind, ist bekanntlich von großem Einfluß auf die statische Festigkeit; ob Naben in plastisches oder hartes Material eingeschrumpft werden, ist von erheblichem Einfluß auf die Dauer-Festigkeit. Die Frage, ob in einer Maschine der arbeitende Teil federnd oder nichtfedernd und das umgebende Gehäuse starr oder federnd beschaffen sein soll, ist ein besonderes Gebiet wissenschaftlicher Überlegung geworden. Unendlich viele Beispiele im Maschinen- und Hochbauwesen lassen sich dafür anführen, ob die Massenverhältnisse von Umgebung und gefährdetem Körper Schwingungs-Resonanzen zulassen oder nicht. Bei Schwingungs- und Schlag-Beanspruchungen macht sich der Werkstoff, aus welchem die Einspannung besteht, besonders wirksam.

4. Bewertung der Werkstoff-Mechanik als Wissenschaft

Wägt man die Beweggründe ab, die zu einer Entwicklung der „Werkstoff-Mechanik" als einer geschlossenen Wissenschaft drängen, so ist der wichtigste Grund eine wissenschaftliche Lücke, die in der theoretischen Unterbauung der gesamten Werkstoff-Technologie noch auszufüllen ist. Es handelt sich um eine „Innere Mechanik", d. h. um die durch die Vorgänge im Stoff bedingten mechanischen Erscheinungen. Es mag eingewendet werden, daß hiermit entsprechend der Vielheit von Stoffen eine Zersplitterung der Grundlagen eintreten könne, ein Einwand, der vielleicht dazu beigetragen hat, daß die Entwicklung einer einheitlichen Stoff-Mechanik nicht schon früher eingesetzt hat. Die Einbeziehung verschiedener Stoffe in eine einheitliche Betrachtung bewirkt aber andererseits, daß verschiedene, bisher getrennt behandelte Stoff-Gebiete zusammengeführt werden, wodurch eine besonders wirksame Vereinheitlichung gewährleistet wird. Eine solche Vereinheitlichung ist Ursache genug, um für sich genommen eine „Werkstoff-Mechanik" zu begründen. Die bestehende Lücke ist aber nicht nur so aufzufassen, daß zu ihrer Ausfüllung allein Neuforschungen erforderlich wären. Es gibt zahlreiche Forschungsergebnisse, die sich als zum Teil sehr eingehende Vorarbeiten in den Rahmen der Werkstoff-Mechanik eingliedern lassen, die aber bisher für die Praxis verlorengingen, weil sie noch einer Eingliederung entbehren.

Die exakten Naturwissenschaften haben sich mehr und mehr der Ergründung des Stoffes zugewandt. Der Begriff „Stoff-Physik" kennzeichnet die Richtung der Physik in den letzen 2 Jahrzehnten. Die Werkstoff-Mechanik hat den Sinn, die Erkenntnisse über den Werkstoff nunmehr in die Praxis umzusetzen.

Bildgruppe A VII

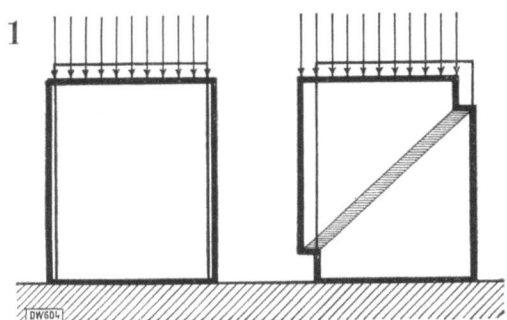

W. Kuntze (6a) S. 12 Abb. 14

Schema des Unterschiedes zwischen elastischer und plastischer Verformung

Die elastische Verformung ist ein kontinuierlicher, durch die Elastizitäts-Theorie erfaßbarer Vorgang, die plastische Verformung eine quantenhafte, durch die Elastizitäts-Theorie nicht erfaßbare Erscheinung.

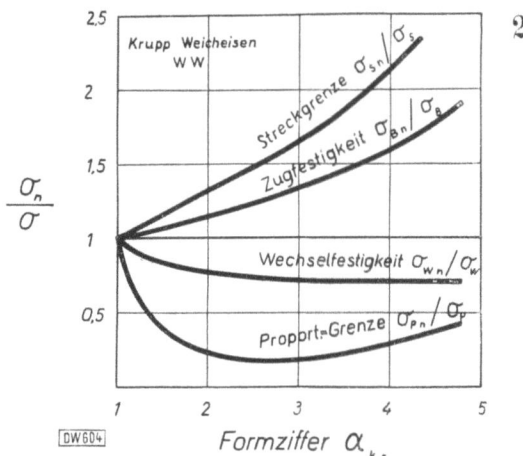

W. Kuntze (6a) S. 11 Abb. 10

Unterschiedlicher Einfluß der durch die Gestalt hervorgerufenen örtlichen Spannungsüberhöhung (Formziffer) auf verschiedene an Prüfstäben ermittelten Güteziffern σ_n

(bezogen auf die gleichartige Güteziffer σ am glatten Prüfstab)

Mit Zunahme der Gestalts-Wirkung (Kerbwirkung, Formziffer) nimmt die statische Streckgrenze und Zug-Festigkeit bei einem zähen Werkstoff zu, die Dauerwechsel-Festigkeit und Proportionalitätsgrenze aber ab.

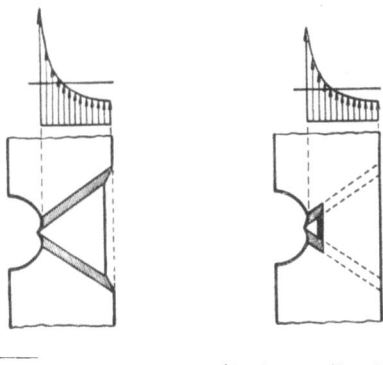

Kerbsicher Kerbempfindlich

W. Kuntze (6a) S. 13 Abb. 19

Schema des Einflusses des durch eine bestimmte Körper-Gestalt erzeugten ungleichmäßigen Spannungszustandes auf die Festigkeit bei kerb-sicheren und kerb-empfindlichen Werkstoffen

Die bei ungleichmäßiger Verteilung der Spannungen auftretende Kerb-Empfindlichkeit (rechts) wird nicht durch verfrühtes Fließen an der meistbeanspruchten Stelle (Maximalproblem der Elastizitäts-Theorie) ausgelöst, sondern durch innere Trennungen bei kohäsionsschwachen Werkstoffen. Die plastische Verformung bei kohäsionsstarken (zähen) Werkstoffen (links) ist unempfindlich gegenüber örtlichen Spannungsanhäufungen. Das Fließen erstreckt sich ungeachtet der ungleichmäßigen Spannungsverteilung nahezu gleichmäßig über den ganzen Querschnitt (keine spannungselastische, sondern energetische Begründung).

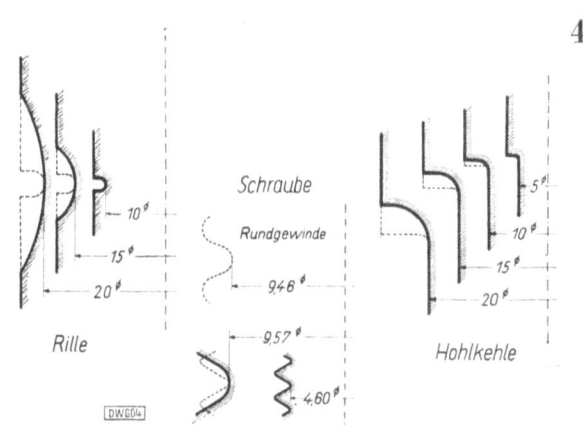

W. Kuntze (6a) S. 16 Abb. 32, (6b) S. 311 Abb. 20

Gestaltungen von Maschinen-Elementen bei Vergrößerung ihres Durchmessers unter der Voraussetzung unverminderter spezifischer Tragfähigkeit bei Dauerwechsel-Beanspruchungen

Die nicht zulässige proportionale Vergrößerung ist vergleichsweise gestrichelt eingezeichnet.

Bildgruppe A VIII

5

W. Kuntze (6 c) S. 86 Abb. 4

Verlauf der Abhängigkeit der Zug-Festigkeit von Metallen von der homologen Prüf-Temperatur
a) bei konstantem Atomradius, b) bei konstanter Dichte, c) bei konstantem Atomgewicht. Prüftemperatur = 20° C. Die homologe Temperatur zählt vom absoluten Nullpunkt (−273° C) bis zum Schmelzpunkt bei einer Abszisseneinteilung von 0 bis 1.

$$\text{Homologe Prüftemperatur} = \frac{\text{absolute Prüftemperatur}}{\text{absolute Schmelztemperatur}}$$

		Unterschiedliche Spannungen	Mehrdimsionale Spannungen
Zügig	plast. Anteil	kein Einfluß	Festigkeits-Zunahme
Zügig	Kohäs.-Anteil	Abnahme infolge Größe	?
Schwingend		Abnahme infolge Größe	Abnahme infolge Größe

MPA, W. Kuntze

Übersicht der Veränderung der Festigkeit bei verschiedenen Spannungszuständen (unterschiedlich oder mehrdimensional) **und bei zeitlich beeinflußten Beanspruchungsarten** (zügig oder schwingend) im Vergleich zum Festigkeitswert des gleichmäßig beanspruchten Prüfstabes; als Folge der Überwindung des plastischen Widerstandes oder des Kohäsionswiderstandes. Die Wirkung einer Festigkeitsabnahme tritt bei zunehmender Körper-Größe und bei kohäsionsarmen Werkstoffen im verstärkten Maße in Erscheinung.

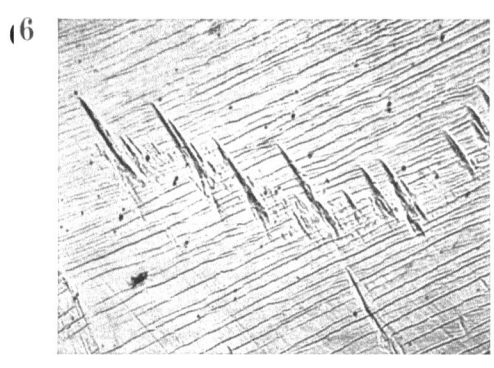

E. Scheil (11) S. 22 Abb. 1

Bildung von Martensit-Nadeln als Folge innerer mechanischer Spannungen

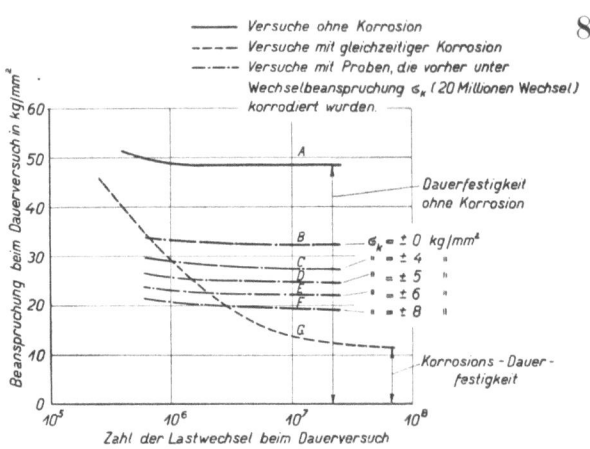

MacAdam, siehe R. Mailander (8) S. 73 Abb. 22

Verlauf der Korrosions-Dauerfestigkeit im Vergleich zur Dauerfestigkeit ohne Korrosion mit Zunahme der Zahl der Lastwechsel

B. Einordnung der wichtigsten Werkstoff-Gruppen in die Systematik Bleibender Formänderungen

bearbeitet von den fachwissenschaftlichen Abteilungen des Staatlichen Materialprüfungsamts Berlin-Dahlem

An den Einzel-Ausarbeitungen sind als Verfasser oder Berater folgende Wissenschaftler beteiligt:

Metalle und Konstruktionen
    Abt.-Leiter: Dr.-Ing. E. Lehr; ferner Prof. Dipl.-Ing. H. Arndt; Dr. H. Blumenthal; Dipl.-Ing. K. H. Bußmann; Dr.-Ing. G. Grüning; Dr. O. Werner.

Organische Stoffe und Konstruktionen
    Abt.-Leiter: Direktor, Prof. E. Kindscher und Dr.-Ing. R. Nitsche; ferner Dr.-Ing. W. Esch; Dr. B. Schulze; Prof. J. Stamer.

Baustoffe und Konstruktionen
    Abt.-Leiter: Dr.-Ing. A. Hummel; ferner Dipl.-Ing. E. Albrecht; Dr.-Ing. K. Stöcke.

Faserstoffe und Konstruktionen
    Abt.-Leiter: Direktor, Prof. Dr.-Ing. H. Sommer; ferner Dipl.-Ing. F. Burgstaller; Prof. Dr.-Ing. R. Korn; Dr. H. Henning; Dr. H. Mendrzyk.

Leitung: Der Herausgeber; unter schöpferischer Mitwirkung von Dr. Lambertz

Inhalt

I. Anorganische Vollkörper
    1. Metall-Körper
    2. Naturstein-Körper
    3. Beton-Bauten
    4. Glas-Körper

II. Organische Vollkörper
    1. Organische Kunststoff-Körper
    2. Papier-Körper
    3. Leder-Körper

III. Skelettartig aufgebaute Körper
    1. Stahl-Bauten (Hoch- und Brücken-Bauten)
    2. Eisenbeton-Bauten
    3. Holz-Körper
    4. Gespinst- und Gewebe-Körper (Textilien)

I. Anorganische Vollkörper

1. Metall-Körper

Bildgruppe B I

1. Der Begriff: „Werkstoff Metall"

Als „Metall" wird ein Werkstoff bezeichnet, dessen spezifische Merkmale kristallinischer Aufbau, „metallisch" glänzendes Aussehen (starkes Reflexionsvermögen), Undurchsichtigkeit und hohe Leitfähigkeit für Elektrizität und Wärme sind.

Die Mehrzahl der Metalle wird in Form von chemischen Verbindungen als Erzeugnis der unbelebten Natur aufgefunden, aus denen sie entweder unmittelbar oder — nach Anreicherung — mit Hilfe chemischer (metallurgischer) Verfahren gewonnen werden.

Der vorgesehene Verwendungszweck bedingt die Art der Weiterverarbeitung:

Die technisch wichtigen Metalle und Legierungen zweier oder mehrerer Metalle werden durch Gießen, Pressen, Walzen, Ziehen in die geeignete äußere Form gebracht (Bild B I 1) und mitunter noch einer veredelnden Nachbehandlung z. B. durch Glühen, Abschrecken usw. unterzogen.

2. Die Individualität

a) Der geometrische Aufbau

Die Individualität der Metall-Körper ist gekennzeichnet durch den kristallinischen Zustand ihrer Aufbauteile (Bild B I 2). Der letzte Aufbauteil ist die nach bestimmten geometrischen Regeln aus den Atomen zusammengesetzte Elementarzelle (Bild B I 3). Unabhängig von der Vielfältigkeit der verschiedenen technologischen Eigenschaften der Metalle und ihrer Legierungen (homogenes oder heterogenes Gefüge) tritt ein dem besondern Kristall-Aufbau der Metall-Körper entsprechendes Verhalten bei ihrer Verarbeitung und Verwendung hervor. Die manchen Metallen (Element Eisen) eigentümlichen Umwandlungen und Zustandsänderungen in bestimmten Temperaturgebieten (α- u. γ-Eisen) stellen weitere individuelle Eigenschaften der Metall-Körper dar.

Im Gegensatz zu den praktisch kaum Verwendung findenden Metall-Einkristallen bestehen die technischen Metalle aus einem Haufwerk von Kristalliten, die regellos durcheinander gelagert sind. Wegen dieser verschiedenartigen Anordnung und der relativen Kleinheit der Kristallite tritt bei der Integration keine Richtung besonders hervor. Der Metall-Körper als Ganzheit zeigt also nach außen hin ein annähernd isotropes (quasi-isotropes) Verhalten.

Die Umhüllung der Einzel-Kristallite im Metall-Körper durch die stets vorhandene Korngrenzen-Substanz (Verunreinigungen, die sich an den Phasen-Grenzflächen anhäufen) trägt dazu bei, die Eigenschaften der Metall-Körper von denen der Einkristalle zu unterscheiden. Auch hier gilt der Satz, daß das Individuum (Ganzheit) etwas anderes ist als nur die Summe seiner Teile.

Die auf synthetischem Wege aus Metall-Pulver erzeugten Metall-Körper können bei genügender Feinheit des Metall-Pulvers als praktisch völlig isotrop angesehen werden. Sie gehen aber infolge Kristallbildung in den quasi-isotropen Zustand über, wenn sie bei genügend hoher Temperatur gesintert werden. Auf diesem Wege werden z. B. Molybdän- und Wolfram-Metall-Körper hergestellt.

Alle inneren und äußeren Kräfte, die auf den Metall-Körper einwirken, verändern Form und Anordnung der Einzel-Kristallite.

Man unterscheidet bei den nach einem Gießverfahren gewonnenen Metall-Körpern solche von fein- oder grobkristallinischem Gußgefüge, von strahligem, stengeligem und globulitischem Aufbau der Kristallite. Bei den durch Walzen, Pressen, Ziehen, Hämmern nachbehandelten Gußstücken bildet sich örtlich oder durchgehends eine Fließ-Struktur.

Jede Veränderung des Gefüges führt zu einer Änderung der technologischen Eigenschaften, wodurch die Anpassung an den jeweiligen Verwendungszweck ermöglicht wird.

b) Der Stoff (im technischen Sinne)

Unter den Hauptbegriff des Werkstoffes Metall fallen sämtliche Stoffe (im technischen Sinne), die die eingangs gekennzeichneten Merkmale des metallischen Zustandes aufweisen.

Auf dem Gebiete des Eisens sind dies die Gußeisen-Sorten, die Flußstähle und die legierten Stähle, auf dem Gebiete der Nichteisen-Schwermetalle Kupfer, Blei, Zinn, Zink usw. sowie deren Legierungen (Messinge, Sonder-Messinge, Bronzen, Lager-Metalle), sowie ferner die Leichtmetalle wie Aluminium und Magnesium und die auf ihrer Grundlage hergestellten zahlreichen Legierungen wie Duralumin, Magnalium usw. .

Die Metall-Körper können im gegossenen, warm- oder kaltverformten Zustande vorliegen oder nach einem Sonder-Verfahren, wie Spritzguß, Preßguß, mitunter auch nach einem galvanischen Niederschlagsverfahren gewonnen sein.

c) Der Energiegehalt

Ein Maß für den den Metallen ursprünglich eigentümlichen Energiegehalt ist die spezifische Wärme.

Durch äußere Einwirkung, wie durch Warm- oder Kaltverformung, kann eine Erhöhung des Energiegehaltes eintreten.

Die mit dieser Energie-Zufuhr verbundene Veränderung des Kristalls, die bei geringen Verformungen in der Hauptsache nur zu einer Gitterstörung, bei starken Verformungen zur Umorientierung oder Gleichrichtung der Kristallite führt, ist ausschlaggebend für das spätere Verhalten des Metall-Körpers beim Auftreten zusätzlicher Kräfte, zu denen auch chemische Einflüsse (z. B. bei der Korrosion) und die Aufnahme von Gasen gehören.

Der Poly-Kristall geht bei starker Verformung aus dem quasi-isotropen in einen mehr oder weniger anisotropen Zustand über.

Gehen die durch die Verformung bewirkten Gitterstörungen zurück, so spricht man von „Erholung", wird die Anordnung der Kristallite wieder regellos, so hat „Rekristallisation" stattgefunden.

Praktische Verwendung haben diese Erkenntnisse gefunden beispielsweise in der Verbesserung der Festigkeits-Eigenschaften der Metall-Körper durch Kaltverformung (Walzen, Ziehen). Unerwünscht ist eine solche Energie-Vermehrung z. B. bei der Herstellung von gezogenen Messing-Gegenständen, die der Gefahr chemischer Angriffe ausgesetzt sind (Spannungs-Korrosion). Durch Ausglühen (Energie-Verminderung) kann diese Gefahr weitgehend eingeschränkt werden.

d) Die Vorgeschichte

Für die Eigenschaften der Metall-Körper ist zunächst schon die Zusammensetzung der natürlichen Metall-Verbindungen und der Erze, aus denen sie gewonnen werden, von Bedeutung.

So können z. B. kleine Mengen von Neben-Bestandteilen des Erzes, die im Metall-Körper verbleiben, wesentlichen Einfluß auf die Eigenschaften gewinnen (Phosphor und Schwefel im Stahl, Eisen im Aluminium, Wismut im Blei).

Das Gewinnungs-Verfahren selbst kann dazu führen, daß mehr oder minder große Mengen von Stoffen aus der Umwelt (Sauerstoff, Stickstoff) in den Metall-Körper gelangen und seine Eigenschaften verändern.

Der Stickstoff-Gehalt des nach dem Thomas-Verfahren gewonnenen Stahls ist merklich höher als der eines Siemens-Martin-Stahls.

In die Vorgeschichte der Metall-Körper gehören ferner die formgebenden Verfahren, die Grob- und Fertig-Verarbeitung, also die Schmelz- und Gieß-Verfahren, die zu dem Fertigstück geführt haben, sowie die Verformung auf mechanischem Wege, wie Walzen, Ziehen, Strangpressen usw. .

Schließlich können besondere Eigenschaften der Metall-Körper noch durch Beanspruchungen im Gebrauch entstehen, z. B. bei Trägern, die bereits eine Belastung ausgehalten haben.

Wegen der Vielartigkeit der Metall-Elemente und ihrer Legierungen wirkt sich die Vorgeschichte in der mannigfachsten Weise aus.

Reihenfolge, Dauer und Stärke dieser Einflüsse rufen in den Stahlkörpern andere Veränderungen hervor wie in den Nichteisen-Metall-Körpern oder den Leichtmetall-Körpern. Bei Guß- und Temper-Eisen z. B. führt anhaltende Erhitzung zum Zerfall des Eisenkarbids in Kohlenstoff und Eisen (Ferrit), bei Flußstahl zum Koagulieren des Eisenkarbids im eutektischen, mit Perlit bezeichneten Gefüge-Bestandteil, bei Gußbronzen zum Ausgleich heterogener Gefüge-Bestandteile durch Diffusion bis zu vollständiger Homogenität.

3. Die Beanspruchungen

Auf die Metall-Körper wirkt die Umwelt mit Kräften physikalischer und chemischer Natur ein.

Die physikalischen Kräfte treten in der Hauptsache als statische und dynamische Beanspruchungen sowie in Form von Temperatur-Einflüssen (Wärme und Kälte) auf. Chemische Einwirkungen ergeben sich durch chemische Stoffe der Atmosphäre oder der sonstigen Umwelt.

Den praktisch vorkommenden beabsichtigten und nichtbeabsichtigten Beanspruchungen der Metall-Körper muß man nicht erst durch Formgebung des Werkstücks, sondern bereits durch Auswahl von Werkstoffen geeigneter chemischer Zusammensetzung Rechnung tragen:

Je nach Verwendungszweck ist einmal das Metall-Korn möglichst gleichmäßig und klein zu halten, in einem anderen Fall, z. B. bei Transformatoren-Blechen, ist ein verhältnismäßig großes Korn mit bestimmter geometrischer Orientierung zur Blech-Oberfläche erwünscht. Konstruktionsteile, die vorwiegend in der Längsrichtung beansprucht werden, erfordern eine Gleichrichtung der Kristallite in der Richtung der Beanspruchung (Fließ-Struktur).

Bau- und Konstruktions-Stähle verlangen einen dem Verarbeitungs-Verfahren und dem Verwendungszweck angepaßten Kohlenstoff-Gehalt, der beträchtlich niedriger liegt als beispielsweise der Kohlenstoff-Gehalt von Stählen, die zur Herstellung von Werkzeugen Verwendung finden sollen.

Andere Maßnahmen zielen darauf ab, die Metall-Körper widerstandsfähig gegen chemische Einflüsse (Korrosion) zu machen.

Der geometrische Aufbau des Metall-Körpers

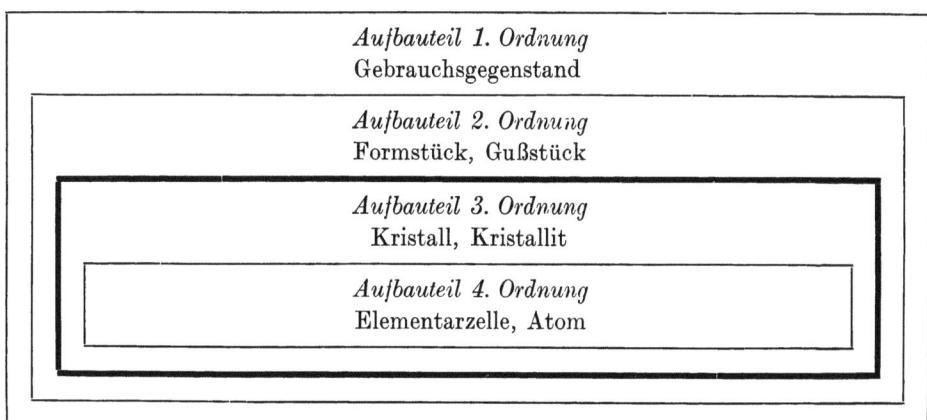

Die Stoffteile (im technischen Sinne) sind stark umrahmt. Vgl. Abhandlung A I, Abschn. 3 „Begriffsbestimmungen", Ziff. 6.

Bildgruppe B I
Metall-Körper

Aufn.: MPA, H. Arndt

Aufbauteil 1. Ordnung: Gebrauchsgegenstand, Bauwerk, Konstruktion
Aufbauteil 2. Ordnung: Formstück, Gußstück

Aufn.: MPA, H. Arndt

Aufbauteil 3. Ordnung: Kristall
Kupferkristalle

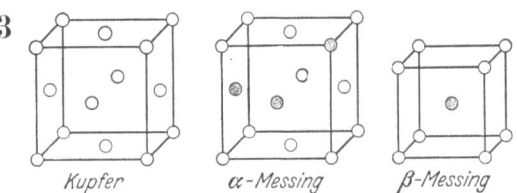

R. Glocker: (3) S. 270 Abb. 230

Aufbauteil 4. Ordnung: Elementarzelle, Atom
Gitterzelle von Kupfer, α-Messing (68% Cu) und
β-Messing (53% Cu); ○ Cu-Atome, ◈ Zn-Atome

2. Naturstein-Körper
Bildgruppe B II

1. Begriff: „Werkstoff Naturstein"

Durch geologische Vorgänge entsteht aus der Zusammenfügung von Mineralien zu einem festen Körper, einem Teil der Erdrinde, das Naturgestein. Der erdgeschichtliche Werdegang (Erstarrung aus Magma, Ablagerung aus abgetragenen Gesteinen usw.) bedingt die Art des Vorkommens und die Eigenart des Gefüges von Naturgesteinen. In Vorkommen und Gefüge-Eigenschaften sind die verschiedenen Möglichkeiten der technischen Verwendung des „Werkstoffs Naturstein" begründet.

2. Die Beanspruchungen

Bei dem Verhältnis des Baustoffs „Naturstein" gegenüber seiner Umwelt, „Beanspruchung", sind folgende Fälle zu unterscheiden:

a) Die Veränderungen, die das Gestein durch seine Umwelt erleidet, sind ungewollt und nicht regelbar.

Unter diese Art der Beanspruchungen fallen sämtliche Einflüsse, die durch die Atmosphäre verursacht werden. Der als Werkstoff verwendete Stein ist überall mehr oder weniger stark den Angriffen der meist feuchten, auch mit Rauchgasen erfüllten Luft, der Hitze-Dehnung und Kälte-Zusammenziehung ausgesetzt. Die Auswirkungen dieses Kräftespiels zwischen Umwelt und Gestein wird unter dem Begriff „Korrosion" der Gesteine zusammengefaßt.

Das in der Natur „anstehende" Gestein ist außer Korrosions-Beanspruchungen noch „tektonischen" (gebirgsbildenden) Kräften ausgesetzt, veranlaßt durch Energien des Erdinnern oder des Kosmos.

b) Die Veränderungen, die das Gestein durch seine Umwelt erleidet, sind in dem Verwendungszweck begründet.

Diese Art von Beanspruchungen sind durch die Verwertung des Gesteins zu besonderen Zwecken: im Hoch- und Ingenieur-Bau, Straßenbau, als Gleisbettungs-Stoff und als Dachdeck-Material bedingt. Auch die bei der Gewinnung von Gestein durch Steinbruch-Arbeiten hervorgerufenen Beanspruchungen im Gebirge und endlich auch die durch den Bergbau hervorgerufenen Gleichgewichtsstörungen im Gebirge müssen hierbei Berücksichtigung finden.

3. Die Individualität

a) Der geometrische Aufbau

Aufbauteil 1. Ordnung

Steinbruch und Bergbau. Betrachtet man zunächst das Gebirge, dessen Zustand durch Steinbrucharbeiten oder bergmännische Betriebe gestört wird, an sich, so ist der Gebirgskörper als dreidimensionaler „Vollkörper" aufzufassen, wenn das Gestein als Massengestein ansteht.

Wenn die Gesteine jedoch geschichtet sind, herrschen die Gesetze von Körpern, die aus aufeinandergeschichteten, unvollkommen eingespannten Platten gebildet werden.

Im allgemeinen tritt selbst in einem Granitbruch (Massengestein) bei einseitigem Anschneiden der Bruchwand durch Klüftung und Bankung eine bevorzugte Aufteilung des ganzen Gebirgskörpers in kleinere Unterteile, Quader verschiedenster Größe, auf. Die durch Lösen des Gesteins nach einer Richtung hin auftretenden Spannungen können zur Gewinnung des Gesteins so weit herangezogen werden, daß bei der Werkstein-Gewinnung Schießarbeit sich völlig vermeiden läßt. Andererseits kann durch Auslösen verborgener Spannungen die Aufteilungsarbeit, das Aufkeilen, großer Blöcke in kleinere sehr erleichtert werden.

Im Bergbau liegen die Verhältnisse verschieden. Ein System von Strecken, Abbauen, Stapeln und Schächten — das Grubengebäude als Ganzes — kann als „Vollkörper mit Skelettstruktur" angesehen werden. Schächte oder Strecken sind als „Hohlkörper mit dicken Wandungen" aufzufassen[1]. Bei weit ausgedehnten Abbauen (Kohlenstreben) in schichtigem Gebirge folgen die Hangend- und Liegendschichten den Gesetzen beanspruchter Platten, die auf nachgiebigen Stützen (Versatz und Kohlenstoß) liegen und unvollkommen eingespannt sind[2].

Bauwesen. Betrachtet man das Anwendungsgebiet des Natursteins im Baufach, so kann wie folgt unterschieden werden:

α) Hoch- und Ingenieur-Bau. Hier ist die Baukonstruktion als Aufbauteil 1. Ordnung aufzufassen. Das Individuum in seinem Aufbauteil 1. Ordnung, der Natursteinbau, ist meist ein Skelettkörper mit mehr oder weniger quaderartiger Vollkörper-Ausbildung der Aufbauteile 2. Ordnung (Bild B II 2). Pfeiler und Gewölbe, seltener Balken und Platten, nehmen die Gestalt gedrungener Quadern an mit meist drei annähernd gleichen Dimensionen, seltener mit Dimensionen, von denen eine oder zwei vorherrschend entwickelt sind. Die hohe statische Beanspruchung von Quadersteinen bedingt diese bevorzugte Verwendung. Hohe Druck-Festigkeit macht Naturstein für die höchsten im Ingenieurbau auftretenden Druck-Spannungen geeignet.

---

[1] E. Seidl: Bergbauwirkungen im Nebengestein. Vortrag, gehalten am 27. Okt. 1936, Haus der Technik. Techn. Mitt. Heft 11 S. 17/37, Juni 1937.

[2] K. Stöcke, M. Herrmann, H. Udluft: Gebirgsdruck und Plattenstatik. Z. Berg-, Hütt.- u. Sal.-Wes. 1934 S. 82, 1936 S. 84.

Auch als Bruchstein-Mauerwerk (Bild B II 1) tritt die Verwendung des Natursteins wieder mehr in den Vordergrund, da durch fachmännisches Setzen auch unregelmäßiger Bruchsteine ein sowohl drei- als auch zwei-dimensionaler Vollkörper (Fundament bzw. Wand, Mauer) von hoher Druck-Festigkeit entsteht.

β) Im Straßenbau, bei dem die Konstruktion der Fahrbahn als Platte aufgefaßt werden kann (Aufbauteil 1. Ordnung), folgen die Aufbauteile 2. Ordnung eignen Gesetzen bei der Beanspruchung, wenn es sich um eine Pflasterdecke ohne Fugen-Verguß (Bild B II 4) oder mit bituminösem Fugen-Verguß handelt. Hier werden die einzelnen Pflastersteine (Aufbauteile 2. Ordnung) als drei-dimensionale Vollkörper beansprucht.

Die Konstruktionen der Fahrbahn, die mit einem Zementfugen-Verguß der Pflastersteine versehen sind, folgen als zwei-dimensionale Platten als Ganzes den Verformungsgesetzen biege-beanspruchter Fahrbahn-Platten unter dem Verkehr mit Krümmung und Gegenkrümmung[3].

γ) Als Zuschlagstoff im Betonstraßenbau verwendet oder überhaupt im Betonbau, Abschnitt B I 2, ist der Steinschotter, Splitt und Sand in bezug auf den Betonkörper hinsichtlich Eigen-Verformbarkeit und -Festigkeit, sowie Kornform und Korngröße nur als Aufbauteil 3. Ordnung zu betrachten.

δ) Als Gleis-Bettung kommt das Gestein ebenfalls gebrochen, aber ohne jedes Bindemittel zur Verwendung. Das Haufwerk, die Gleisbettung, als Aufbauteil 1. Ordnung folgt den Gesetzen der Verformbarkeit von losen Haufwerken (Setzen, Zusammenrütteln). Zusammengesetzt wird die Gleisbettung aus Aufbauteilen 2. Ordnung, dem Steinschotter, der als solcher auf seine Festigkeitseigenschaften, Kornform und Korngröße geprüft und danach beurteilt wird.

ε) In der Dachkonstruktion, dem Aufbauteil 1. Ordnung, finden sich als Aufbauteile 2. Ordnung Dachschiefer, Sandstein, Glimmerschiefer. Die Dachkonstruktion ist als mehrfach gestützte, mehr oder weniger schräg gelagerte, aus Einzelplatten zusammengesetzte Platte aufzufassen. Sie stellt einen skelettartig aufgebauten Körper dar.

Aufbauteil 2. Ordnung

Die Baukonstruktionen lassen sich also als Aufbauteile 1. Ordnung in folgende Aufbauteile 2. Ordnung zerlegen:

Werksteine und Werkstücke,
Pflastersteine,
Schotter,
Platten.

Bei der Werkstoff-Prüfung werden an diesen Aufbauteilen 2. Ordnung praktische Untersuchungen durch Inaugenscheinnahme, durch Spannungsmessungen während des Verkehrs, durch Messungen der Abnutzung, z. B. der Pflastersteine in einer Straßendecke ohne Zerstörung der Proben, vorgenommen. Im anstehenden Gestein wird die Gebirgsbewegung mit Hilfe markscheiderischer Messungen oder Spannungsmessungen mit Dynamometer-Stempeln und Setzdehnungs-Messern festgestellt.

[3] E. Seidl: Bruch- und Fließ-Formen der Technischen Mechanik und ihre Anwendungen auf Geologie und Bergbau. Bd. V. Krümmungs-Formen. VDI-Verlag Berlin 1932ff.

Um die Materialkonstanten im Laboratorium ermitteln zu können, wird aus den Aufbauteilen 2. Ordnung, dem Werkstück oder dem Pflasterstein, für eine Prüfung in den meisten Fällen die Versuchsstücke — Druckwürfel, Schlagwürfel, Schleifplatte oder Prisma für Elastizitätsmessungen — hergestellt. Diese werden meist bis zur Grenze ihrer Beanspruchbarkeit, d. h. bis zu ihrer Zerstörung geprüft, und man erhält so ein Bild von der Beanspruchungsmöglichkeit und von dem Grade der Sicherheit, mit der ein Stoff, in diesem Falle Naturstein, verwendet werden kann.

Aufbauteil 3. Ordnung

Durch Zerlegen der Materialprobe in ihre Gefügeteile (Aufbauteile 3. Ordnung) mittels der Mikroskopie (Bilder B II 3 u. 5) und Auswertung der Gefügemerkmale für die Gesteinstechnik ist diejenige Grenze der Unterteilung des Naturstein-Körpers erreicht, welche für den Praktiker im Hinblick auf die Verwendung des Natursteins als Werkstoff noch von Wichtigkeit ist.

Ohne Betrachtung dieses Aufbauteiles verhältnismäßig hoher Ordnung bleiben die Ursachen für verschiedenartiges technisches Verhalten von Gesteinen gleicher Gesteinsklasse und gleicher stofflicher Zusammensetzung versteckt; eine Weiterentwicklung der Methoden zur Untersuchung von Körpern nächstniederer Ordnung erscheint zur Zeit nicht möglich.

Eine weitere Unterteilung führt in das Gebiet des rein Stofflichen und der Chemie. Derartige Betrachtungen sind mitunter noch notwendig für die Fragen nach der Widerstandsfähigkeit von Gesteinen gegen Witterungseinflüsse, da hier neben den mechanischen Einwirkungen auf Gestalt und Gefüge sich auch chemische Umsetzungen in starkem Maße geltend machen.

b) *Der Stoff im technischen Sinne*

Die Beachtung und Kenntnis der stofflichen Eigenschaften von Gesteinen ist deswegen in der Praxis von Bedeutung, weil von ihnen technische Eigenschaften abhängen, die das eine oder andere Gestein als Werkstoff für diesen oder jenen Verwendungszweck besonders geeignet machen oder die Verwendung ausschließen.

In dem mineralogischen Aufbau z. B. der Granite aus kieselsäurereichen Mineralien ist deren hohe elastische Verformbarkeit begründet. Basische aus Hornblende- oder Augit-Mineralien zusammengesetzte Gesteine, wie Basalte und Amphibolithe, dagegen verhalten sich starr; sie erreichen Elastizitäts-Konstanten, die halb so groß sind wie die von Stahl.

c) *Der Energiegehalt*

Der Werkstoff Naturstein, im Bauwerk verarbeitet, verhält sich den beanspruchenden Energien gegenüber verschieden, je nach Aufbauteilen, Gefüge und Gestalt des Werkstücks. Änderungen des Temperaturzustandes z. B., die Längen-Änderungen im positiven oder negativen Sinne von der Größen-Ordnung 10^{-6} bis 10^{-5} (Marmor 3×10^{-6} je Grad, Sandstein 1×10^{-5} je Grad) hervorrufen, verursachen je nach Wärme-Leitfähigkeit und Formänderungsvermögen der verschiedenen Gesteinsarten Spannungen, die sich in kürzerer oder längerer Zeit ausgleichen. Es ist unterschiedlich, ob in dem Bau ein Werkstein, der aus einer Mineralart zusammengesetzt ist, wie z. B. Marmor aus Kalkspat, verwendet wird oder ob man es mit Gesteinen zu tun hat, die, wie Granit, aus verschiedenen Mineralien, z. B. aus rotem

Feldspat, weißem Quarz und schwarzem Glimmer, zusammengesetzt sind. Hier reagiert jedes Mineral als Einzel-Individuum seinem eigenen Energie-Haushalt entsprechend und strebt im neuen Zustande nach Ausgleich der entstehenden Spannungen.

d) Die Vorgeschichte

Bei Natursteinen spielt der erdgeschichtliche Werdegang, als Vorgeschichte, die Rolle, welche etwa bei Metallen dem Verhüttungs- und Veredlungs-Prozeß zufällt.

Aus Magma auskristallisierte Gesteine (Granit, Basalt usw.) haben andere Eigenschaften als die aus losen Massen durch Bindemittel verkitteten und durch Druck verfestigtes Sediment- (Sandstein, Ton usw.) Gesteine oder die durch chemische Ausfällungen entstandenen Gesteine (Salzlager, Kalksteinlager usw.). Diese Gesteinsgruppen wieder können je nach ihrer Lage im Erdkörper durch Einwirkung von hohem Druck und hohen Temperaturen Umwandlungen ihres ursprünglichen Zustandes erfahren, die im technischen Sinne eine Veredelung oder Verschlechterung bedeuten.

Der geometrische Aufbau des Naturstein-Körpers

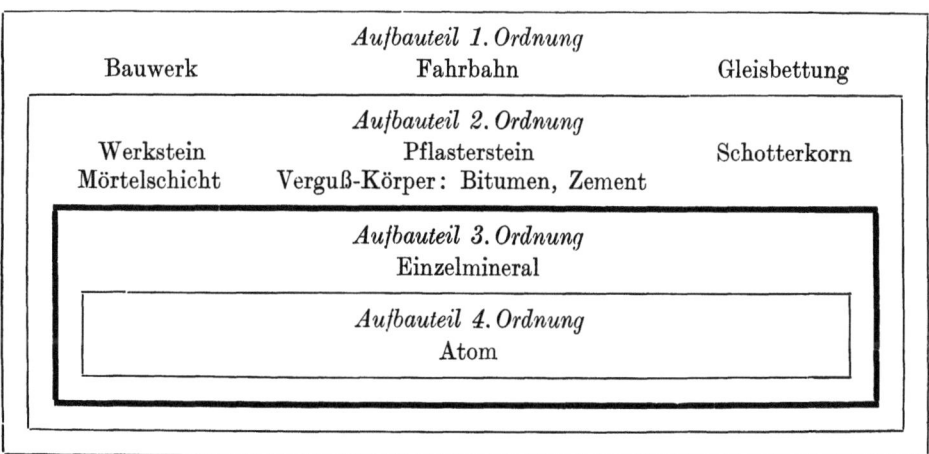

Die Stoffteile (im technischen Sinne) sind stark umrahmt. Vgl. Abhandlung A I, Abschn. 3 „Begriffsbestimmungen", Ziff. 6.

Zu I, 3. Beton-Bauten, S. 37

Der geometrische Aufbau von Beton-Bauten

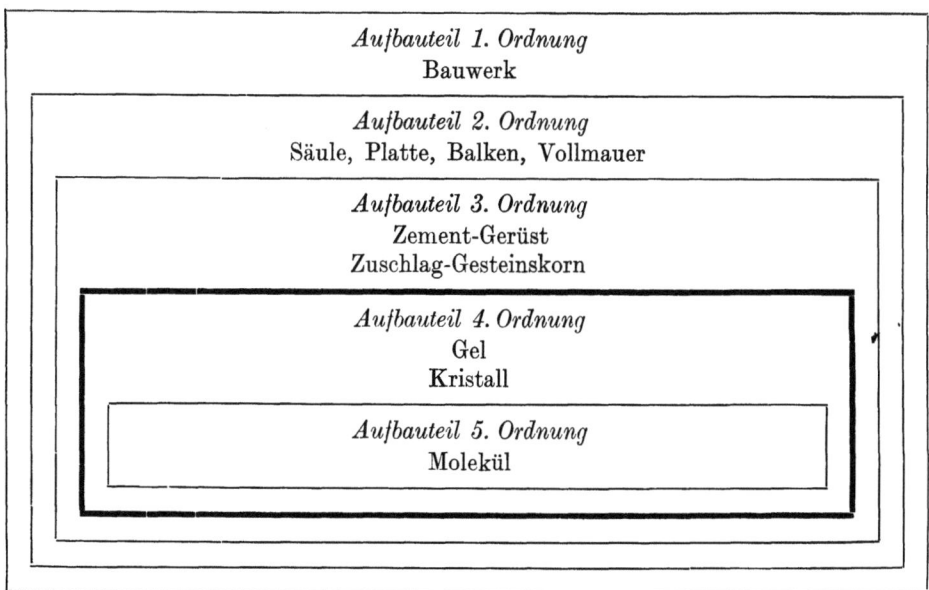

Die Stoffteile (im technischen Sinne) sind stark umrahmt. Vgl. Abhandlung A I, Abschn. 3 „Begriffsbestimmungen", Ziff. 6.

Bildgruppe B II
Naturstein-Körper

Aufn.: MPA, K. Stöcke
Aufbauteil 1. Ordnung: Bauwerk
Aufbauteil 2. Ordnung: Werkstein
Roh bossiertes Quader-Mauerwerk

Aufn.: MPA, K. Stöcke
Aufbauteil 2. Ordnung: Werkstein
Roh bossierte Werksteine

Aufn.: MPA, K. Stöcke
Aufbauteil 3. Ordnung:
Einzelmineral
Dünnschliff: Grauwacke

Aufn.: MPA, K. Stöcke
Aufbauteil 1. Ordnung: Fahrbahn
Aufbauteil 2. Ordnung: Pflasterstein
Granitpflaster-Straße

Aufn.: MPA, K. Stöcke
Aufbauteil 3. Ordnung:
Einzelmineral
Dünnschliff: Granit

3. Beton-Bauten

1. Der Begriff: „Beton"

Der Beton ist ein künstliches Konglomerat, dadurch entstanden, daß irgendwelche in Körner- oder Fasergestalt gegebenen Stoffe durch ein hydraulisches Bindemittel verkittet werden.

2. Die Individualität

a) Der geometrische Aufbau

Betrachtet man das vollständige Bauwerk als Aufbauteil 1. Ordnung, so stellen die Bauglieder — Säule, Platte, Balken, Vollmauer — Aufbauteile 2. Ordnung dar.

Seine geometrische Gestalt erhält das einzelne Bauglied dadurch, daß der Beton noch im unabgebundenen, plastischen Zustande in Hohlformen hinein verdichtet wird, in denen er zu einer festen Masse erstarrt. Hierbei kann an sich jede beliebige Gestalt hergestellt werden, die sich als Hohlform in Holz, Eisen oder Gips ausbilden läßt (Beton-Skulpturen); doch herrschen in der angewandten Beton-Technik einfache prismatische Körper vor; seltener sind Zylinder-Formen.

Im Massen-Betonbau (Schwergewichts-Mauern usw.) sind alle drei Dimensionen etwa gleichwertig ausgebildet, im Plattenbau (Straßen-, Decken-Platten) herrschen zwei Dimensionen, bei einzelnen Säulen und Masten eine Dimension vor.

So einfach die geometrische Gestalt ist, so verwickelt ist der weitere geometrische Aufbau der Bauglieder. Aufbauteile 3. Ordnung liefern die Zuschlagstoffe, der Zement als Bindemittel und chemisch oder physikalisch gebundenes Wasser. Zement-Gerüst und Gesteinskorn des Zuschlages sind stofflich, wie ihrem Aufbau nach, selbst wieder äußerst verwickelte Körper. Die geometrische Gestalt und der weitere geometrische Aufbau dieser Unter-Individuen sind sehr vielfältig, nicht nur in Abhängigkeit von der Körner- oder Faser-Gestalt der Zuschlag-Stoffe, sondern auch von ihrer Größe, Korn-Abstufung, -Verteilung und -Lagerung, sowie von der Porosität. Alle diese Bestimmungsstücke beeinflussen wesentlich das Verhalten des Beton-Körpers.

Erst die Aufbauteile 4. Ordnung können als Stoffteile (im technischen Sinne) betrachtet werden.

b) Der Stoff (im technischen Sinne)

An der Bedeutung des Oberbegriffs Beton — der sich eigentlich im Wesen des Konglomerats erschöpft — ändert sich nichts, auch wenn die Stoffnatur der Unter-Individuen in weiten Grenzen wechselt. Als Bindemittel z. B. kann irgendeiner der vielen hydraulischen Bindestoffe dienen, als Zuschlagstoff der harte Basalt ebenso wie der weiche Sandstein, ohne daß dies den Oberbegriff Beton berührt.

Die Aufbauteile Zement-Gerüst und Gesteinskorn des Zuschlages unterscheiden sich wieder grundsätzlich darin, daß die letzteren — soweit sie nicht selbst hydraulische Eigenschaften haben — als „inerte" Stoffe im Beton wesentlich unverändert bleiben, während der Zement nicht nur durch „Alterung" infolge der Umwandlung kolloidaler Bestandteile in kristalline Teile fortgesetzt Wandlungen durchmacht, sondern auch als teils von wasser-, teils von lufthaltigen Kapillar-Poren durchsetzter „Pseudo- oder Quasi-Festkörper" einen Stoff darstellt, der gegen Einwirkungen der Umwelt äußerst empfindlich ist. Infolge dieser Empfindlichkeit stellt die Summe des erhärteten Zementkitts und der Zuschlagstoffe, wenn die beiden Teile voneinander isoliert sind, etwas anderes dar als der Zementkitt zwischen den Zuschlagstoffen. Der Beton ist also ein Musterbeispiel eines Körpers, dessen Ganzes etwas wesentlich anderes ist als bloß die Summe seiner Teile.

c) Der Energiegehalt und die Vorgeschichte

Die Festigkeit und das Verhalten des Betons bei Formänderungen hängt außer vom geometrischen Aufbau (Abschn. 2, a) ab von der Verfestigungs-Energie des Zements, der Menge dieses Zements (als dem aktiven Verkittungsstoff), der Höhe des Wasser-Zusatzes und dem Grade der gleichmäßigen Verteilung des Zementkitts. Dazu kommt der Zeitfaktor und die Temperatur — chemische Abbinde-Prozesse verlaufen bei höheren Temperaturen schneller als bei niederen. Ein Umstand, der namentlich die Formänderungen entscheidend beeinflußt, ist der Feuchtigkeitszustand der Umgebung (Lagerungs-Bedingungen).

3. Die Beanspruchungen

Zu den Einflüssen der Umwelt gehören die äußeren statischen, dynamischen und unter Umständen hydraulischen Beanspruchungen, die Beanspruchungen durch Wetter und Wind, die chemischen und physikalischen Einwirkungen von Flüssigkeiten und Gasen und die Einflüsse von Temperatur-Wechseln. Bei dem gewöhnlichen Betonbau werden dem Betonkörper rechnerisch nur Druck- und Hauptdruck-Spannungen zugewiesen, wenngleich — vom Konstrukteur ungewollt — Beton durch Schwinden, Schwellen, Temperatur-Wechsel, Frost so ziemlich alle Beanspruchungen erleidet, welche die Festigkeitslehre kennt.

Umwelt-Einflüsse, die für Bleibende Formänderungen entscheidende Bedeutung haben, sind Art und Höhe der Beanspruchung, Feuchtigkeit der Umgebung, genauer gesagt, der hygrometrische Gleichgewichtszustand zwischen Beton und umgebender Luft, der seinerseits wieder von der Temperatur abhängt, schließlich die Temperatur unmittelbar auf dem Wege über die chemischen Verfestigungs-Vorgänge.

Tabelle: „Der geometrische Aufbau von Beton-Bauten" siehe S. 35.

4. Glas-Körper
Bildgruppe B III

1. Die Begriffe: „Zustand-Glas" und „Werstoff-Glas"

Nach der klassisch gewordenen Definition G. Tammanns sind Gläser unterkühlte Flüssigkeiten. In diesen „vierten Aggregatzustand" können mehr oder minder leicht überführt werden:
einerseits anorganische Stoffe wie Silikate, Oxyde (B_2O_3), Elemente (Se, S),
anderseits organische Stoffe wie Polystyrol, Alkohole.

Alle Stoffe, die sich im Glas-Zustand befinden, sind nicht kristallin; ihre innere Reibung ist so groß, daß sie praktisch als feste Körper zu betrachten sind; alle ihre Eigenschaften im quasi-festen Zustand sind reversibel von der Temperatur abhängig. Und endlich: weit unterhalb des Schmelzpunktes gibt es ein verhältnismäßig schmales Temperatur-Intervall, in dem sich eine Umwandlung (Transformation) aus dem quasi-festen (spröden) in den quasi-flüssigen (plastischen) Zustand vollzieht. Zugleich ändert sich fast sprunghaft der Beiwert (Differential-Quotient) der Temperatur-Abhängigkeit sämtlicher Eigenschaften, z. B. Wärme-Dehnung, Leitfähigkeit, spezifische Wärme usw.. Unterhalb des Transformationspunktes sind Stoffe im Glaszustand praktisch nur elastisch verformbar; beim Überschreiten der Elastizitätsgrenze tritt Bruch ein. Oberhalb des Transformationspunktes liegt die Elastizitätsgrenze sehr niedrig. Bleibende Formänderungen ergeben sich unter der Einwirkung schon geringer äußerer Kräfte.

Was hier grundsätzlich über den Glaszustand gesagt ist, gilt auch für solche Werkstoffe, die, wie z. B. einige Naturharze und einige nicht härtbare Kunstharze, sich zwar physikalisch gesehen im Glaszustand befinden, aber nicht als Glas im Sinn der Werkstoffkunde bezeichnet werden können und sollten.

Mit dem „Werkstoff Glas" ist im folgenden Silikatglas gemeint.

Auch diejenigen Werkstoffe, welche einen mehr oder weniger großen Anteil an silikatischer Glasphase besitzen, die keramischen Werkstoffe und manche natürlichen Gesteine, grenzen ihrem mechanischen Verhalten nach an Glas an.

2. Die Beanspruchungen

Die Verwendbarkeit von Glas als Werkstoff beruht in den meisten Fällen auf seinen allgemeinen physikalischen (optischen und elektrischen) und chemischen Eigenschaften.

Dabei müssen meist auch mechanische Beanspruchungen mit in Kauf genommen werden, die von dem besonderen Verwendungszweck abhängen:

Flachglas wird auf Biegung beansprucht (Winddruck), Hohlglas auf Druck wie auf Zug (Rohrleitungen und Gefäße unter Vakuum und Innendruck), Massivglas wird auf Zug (Isolatoren), Biegung (Stützen, Stangen) und Druck (Isolatoren) beansprucht.

Die Art und Höhe der Beanspruchungen muß der Eigentümlichkeit von Glas und von Körpern mit Glas-Charakter Rechnung tragen, daß die Zug-Festigkeit solcher Körper nur etwa $1/10$ bis $1/20$ ihrer Druck-Festigkeit ausmacht. Die hohe Druck-Festigkeit des Glases (5000 bis 10000 kg/cm²) wird bisher nur selten konstruktiv ausgenutzt (Glas-Eisenbeton).

Eine der Eigenschaften, welche an Gläsern am meisten geschätzt werden, ist ihre Unveränderlichkeit gegenüber zahlreichen Einflüssen der Umwelt.

Organismen und Organische Stoffe greifen Glas nicht an. Von den anorganischen Agenzien wirken Säuren (außer Flußsäure) kaum, Laugen wenig. Eines der besten Lösungsmittel für Glas ist das Wasser (daher Einteilung der Gebrauchsgläser in hydrolytische Klassen). Gegen Witterungs-Einflüsse ist Glas weitgehend beständig. Strahlung jeder Art wird durchgelassen, abgesehen von verhältnismäßig kleinen Absorptions-Bereichen, namentlich bei manchen Spezialgläsern.

3. Die Individualität

a) Der geometrische Aufbau

α) Die Körper-Begrenzung

Die geometrische Gestalt von Glas-Gegenständen läßt sich in der Hauptsache auf die Grundformen des Stabes (Massivglas), des Rohres (Hohlglas) und der Platte (Flachglas) zurückführen.

Da die Druck-Festigkeit von Glas ein Vielfaches seiner Zug-Festigkeit beträgt, wird der Beginn der Zerstörung in allen Fällen durch örtliche Überschreitung der Zug-Elastizitätsgrenze (= Zug-Festigkeitsgrenze) bestimmt. Die Zug-Festigkeit hängt von der Größe der Probe (Querschnitt und Einspannlänge beim Stab, Inhalt beim Rohr oder Gefäß, Fläche beim Flachglas) ab; sie fällt mit zunehmenden Abmessungen im Grenzfall um mehrere Zehnerpotenzen. Weiter sind von Einfluß die Breite der Probe, die Stützweite, die Oberflächen-Beschaffenheit, die Kanten-Bearbeitung usw..

Bei der Stab-Form kann die eine Dimension (die Länge) so sehr gegenüber den beiden anderen (den Durchmessern) vorherrschen, und zugleich kann die absolute Größe der Durchmesser so gering sein, daß ein fadenförmiger Körper entsteht. Aus solchen Fäden, „Glaswolle", können filzartige Körper („Papier-Körper" Abschnitt B II 2 und „Leder-Körper" Abschnitt B II 3), auch Gewebe (Gespinst- und Gewebe-Körper Abschnitt B III 4) aufgebaut werden.

β) Die Aufbauteile

Trübgläser (Bild B III 3) enthalten erkennbar Unter-Individuen. Die Trübung kann durch eingelagerte Kristalle, durch Blasen (Bild B III 5) oder dadurch bewirkt werden, daß zwei nicht mischbare Glas-Phasen (Bild B III 4) feinst ineinander verteilt sind. Die Schlag-Festigkeit von Trübgläsern ist um so kleiner, je größer die eingelagerten Unter-Individuen sind.

Ob Klargläser (Bild B III 1) Unter-Individuen enthalten oder nicht, ist noch nicht entschieden; einige Beobachtungen deuten auf ihr Vorhandensein; ihre Größe liegt sicher unterhalb der Grenze der optischen Wahrnehmbarkeit. Glaskörper aus Klarglas sind daher als „Vollkörper" anzusprechen, deren Eigenschaften durch das Glas als Stoff (im technischen Sinne) bedingt werden.

γ) Die Kerbwirkung

Klarglas erscheint als ein homogener Körper. Klarglas mit geringen Fehlern ist von mehr oder weniger zahlreichen feinen Blasen und Kristall-Einschlüssen (Gemenge-Körnchen, Kristall-Keimen) durchsetzt, deren Zahl und Größe natürlich erheblich geringer ist als bei Trübgläsern. Auch optisch einwandfreies — d. h. seinen optischen Eigenschaften (Brechung, Dispersion und Absorption) nach homogen erscheinendes — Klarglas ist von kleinsten, optisch nicht mehr wahrnehmbaren Lockerstellen[1] (Inhomogenitäten) durchsetzt, die bei mechanischer Beanspruchung als Kerbe wirken können. Daher nimmt bei Zug-Beanspruchung die Zerstörung von der an der Oberfläche oder im Innern des Körpers liegenden kerbwirksamsten Lockerstelle ihren Ausgang. Im übrigen ist Glas ein Körper mit hoher Kerbstellen-Dichte (wirksamer Kerb-Abstand größenordnungsmäßig auf $0{,}05\,\mu$ geschätzt).

δ) Skelettartig aufgebaute Glaskörper

Skelettartig aufgebaut sind Draht-Glas (Bild B III 2), Mehrschichten- (Verbund-) Glas (Glasschichten abwechselnd mit Schichten aus plastischen, organischen Stoffen) und Verbund-Glas mit Einlage von Drahtgewebe in der Zwischenschicht.

Mehrschichten-Glas zeigt bei dynamischer Beanspruchung ein bemerkenswertes Verhalten. Allgemein ist die Stoß-Festigkeit des Verbundes etwa 3mal so groß wie die der einzelnen Schichten addiert: **Das Ganze ist mehr als die Summe seiner Teile.**

Geringe Stöße werden rein federnd aufgenommen. Bei stärkerer Stoß-Beanspruchung eines Verbundes aus z. B. zwei Scheiben mit Zwischenschicht bricht zunächst die Scheibe der konvexen, dem stoßenden Gegenstand abgewandten Seite, da diese bei der kurzen Krümmung die auf Zug beanspruchte Seite des Körpers bildet.

Die Federung und Arbeitsaufnahme des Restverbundes (eine organische Schicht + eine Glasscheibe) und seine Fähigkeit zur Arbeitsaufnahme ist doppelt so groß wie die des ursprünglichen unversehrten Körpers, da jetzt die organische Schicht mit ihrem kleinen E-Modul auf der Zugseite liegt.

Bricht bei weiterer Stoß-Beanspruchung auch noch die vordere Scheibe, so ist ihr Bruch — und entsprechend auch ihr Sprungbild — weitgehend unabhängig von demjenigen der hinteren Scheibe. Da die Splitter beider Scheiben sich überlappen und durch die zähe, elastische Zwischenschicht zusammengehalten werden, hängen die weiteren Bleibenden Formänderungen des gesamten Körpers im wesentlichen von denjenigen der Zwischenschicht ab.

Bei Vielschicht-Gläsern mit 5 bis 8 Schichten ist die Stoß-Festigkeit soweit erhöht, daß diese Gläser als schußsichere Gläser verwendet werden.

Ihre Wirkung dürfte wie folgt zu erklären sein: Die vom Auftreffpunkt ausgehende Stoßwelle wird an der Schichtgrenze zum anders „brechenden" Medium (Zwischenschicht) teils reflektiert, teils abgelenkt. Dieser Vorgang wiederholt sich von Schicht zu Schicht; er bewirkt die Verteilung der kinetischen Energie des auftreffenden Körpers auf eine verhältnismäßig große Fläche. Da gleichzeitig das Auftreten von Resonanz-Schwingungen durch Wahl verschieden dicker Glasschichten verhindert wird, wird die Energie als Verformungsarbeit aufgezehrt: das Geschoß bleibt im Glas stecken.

b) *Der Stoff (im technischen Sinne)*

Die Grenze der optischen Erkennbarkeit von Unter-Individuen sei für die Gläser als Grenze zwischen dem geometrischen Aufbau und dem Stoff (im technischen Sinne) angenommen. Die Variations-Breite des Stoffs (im technischen Sinne) der Silikatgläser ist im Vergleich zu der anderer Werkstoffe (Metalle, Textilien) gering.

Unterhalb des Transformationspunktes ist der Einfluß der chemischen Zusammensetzung auf die meisten physikalischen Eigenschaften (Optik) deutlich erkennbar und vielfach untersucht. Der Einfluß der chemischen Zusammensetzung auf die mechanischen Eigenschaften der Glas-Körper ist ebenfalls vielfach bestätigt; er wird aber der Größe nach weitaus übertroffen von dem Einfluß der Vorgeschichte (Abschnitt 3c), der geometrischen Abmessungen und der Kerbwirkung (Abschnitte 3a, α und γ).

Oberhalb des Transformationspunktes — bei Verarbeitungs-Temperatur — beeinflußt die chemische Zusammensetzung das Verhalten des Glases bei Formänderungen erheblich. Reines SiO_2-Glas ist hochschmelzend und „kurz" (d. h. nur in einem kleinen Temperatur-Bereich verarbeitbar); Na_2O-, B_2O_3- und MgO-reiche Gläser sind niedrigschmelzend und „lang" (d. h. in einem ziemlich großen Temperatur-Bereich verarbeitbar). Entsprechend verschiebt sich der Transformationspunkt.

c) *Der Energiegehalt und die Vorgeschichte*

Unter dem Energiegehalt von Glas sei in diesem Zusammenhang zunächst das Vorhandensein von Vorspannungen verstanden. Auch das sorgfältigst abgekühlte Glas ist nicht vollkommen frei von Kühl-Spannungen (Prüfung durchsichtiger Gläser mit polarisiertem Licht, spannungs-optische Untersuchungen mit Glas-Modellen).

Die Höhe der zulässigen Spannungen hängt vom Verwendungszweck ab. Die mechanische Festigkeit von spannungshaltigen Gläsern liegt im allgemeinen tiefer als die von spannungsfreien, naturgemäß besonders dann, wenn Zug-Vorspannung, Kerbwirkung und Zug-Beanspruchung örtlich zusammentreffen.

Jedoch werden Spannungen zur Erhöhung der Festigkeit gegenüber gewissen Beanspruchungen auch absichtlich erzeugt.

Überfängt man ein Glasrohr mit einem zweiten Glas größerer Wärme-Dehnung, so setzt der aufschrumpfende Überfang das Innenrohr unter Druck-Vorspannung. In dieser Weise gefertigte Wasserstandsrohre vertragen hohe Innendrucke. Kühlt man die Oberfläche eines bis in die Nähe des Transformationspunktes erhitzten Glasgefäßes oder Flachglases plötzlich durch Eintauchen in Öl oder Anblasen mit

---

[1] Siehe z. B. A. Smekal: Festigkeitseigenschaften spröder Körper. Erg. exakt. Naturwiss. 15. Verlag J. Springer, Berlin 1936; A. Smekal u. Mitarb.: Verschiedene Abhandlungen in Z. Physik, Glastechn. Ber. u. a. .

Kaltluft ab, so erstarrt die Außenhaut, während der Kern noch weich bleibt. Bei der weiteren Abkühlung kann der Körper, der sozusagen im Korsett sitzt, sich nicht frei zusammenziehen. Dadurch entstehen im Kern Zug-Spannungen, in der Außenhaut Druck-Spannungen. Derartige Körper können erhebliche Biege-Spannungen aufnehmen — ihre Festigkeit ist auf etwa das Fünffache gesteigert —, da durch die Beanspruchung von außen erst die Druck-Vorspannung der Außenschicht überwunden werden muß, bevor überhaupt eine Zugspannung in ihr auftreten kann.

So vorbehandelte Gläser, die man „gehärtet" nennt, sollten richtiger als „gestärkt" bezeichnet werden.

Wird Zerstörung erzwungen, so zerfällt das ganze Glasstück durch plötzliche Auslösung der Spannungen in kleinste Trümmer mit stumpfen Kanten (Einschicht-Sicherheitsglas für Fahrzeuge).

Der Einfluß der Temperatur auf die Eigenschaften der Gläser ist sehr bedeutend. Der Unterschied im Verhalten der Gläser dicht oberhalb und unterhalb des Transformationspunktes ist jedoch beim Verhalten gegenüber mechanischen Beanspruchungen nicht so scharf ausgeprägt als bei anderen physikalischen Eigenschaften: denn bei mechanischer Beanspruchung spielt der Zeitfaktor eine wesentliche Rolle.

Bei Gebrauchs-Temperaturen befinden sich die Silikatgläser ziemlich weit unterhalb des Transformationspunktes, d. h. in einem Temperatur-Bereich, in dem nur elastische Formänderungen — oder Bruchbildungen — zu erwarten sind.

Lange Zeit einwirkende kleine Kräfte bewirken auch noch unterhalb des Transformationspunktes bleibende Formänderungen; Beispiele sind: die säkulare Nullpunktsänderung von Thermometern, die durch Schrumpfen des Quecksilber-Gefäßes bewirkt wird und das „freiwillige" Zubruchgehen von Glas-Gegenständen durch Auslösung innerer Spannungen. Die Belastungs-Geschwindigkeit beeinflußt die verschiedenen Festigkeitswerte. Unterhalb von etwa 140° bewirken hohe Belastungs-Geschwindigkeiten Steigerung, oberhalb 140° Minderung dieser Werte[2]. Die Dauerstand-Festigkeit von Glas bei Zimmertemperatur hängt ab vom Logarithmus der Standzeit; sie beträgt im Grenzfall rund die Hälfte der Kurzzeit-Festigkeit.

Oberhalb des Transformationspunktes, insbesondere bei Verarbeitungs-Temperatur (900 bis 1200°), verhält sich Glas wie eine zähe Flüssigkeit oder wie eine plastische Masse (Innere Reibung etwa 10^3 Poisen). Unter dem Einfluß der wirkenden Kräfte (Blas-, Preß- und Walz-Druck, Schwerkraft) treten dabei Dehnungs-, Stauch-, Krümmungs-, Verdreh- und Strömungs-Formen auf. Das Vorhandensein dieser Formen läßt sich in schlierigem Glase am Verlauf der Schlieren aufzeigen.

Den Einfluß der Formgebungs-Bedingungen — Vorgeschichte — auf die mechanischen Eigenschaften von Glas-Gegenständen erläutern weiterhin folgende Beispiele[3]:

Wendelsprünge in maschinellgezogenen Glasröhren, Ringelsprünge an Flaschenköpfen, an Stellen, wo der Glasbläser zwei Stücke aneinandergeschweißt hat, und in Stücken, für die mehrere Glas-Posten aufgenommen werden mußten. Bei Flachglas ist die Biege-Festigkeit in Zieh-Richtung größer als quer dazu. Beim Einschwenken des Külbels (d. h. der durch schwaches Einblasen bereits gerundeten Glasmasse) aus der Vorform der Flasche in die Fertigform entsteht eine Verformung, die zu ungleichmäßiger Wandstärke am Bauch und am Boden führen kann; dies wirkt sich bei der Prüfung durch Innendruck im Sprungbild aus. Bei der Herstellung von Flaschen im Saugverfahren können ungleichmäßige Wanddicken in anderer Weise zustande kommen; auch sie wirken sich bei der Prüfung entsprechend aus.

Unter dem Gesichtspunkt der Vorgeschichte ist auch das „Altern" des Glases (Einfluß der Zeit, siehe oben) zu nennen. Altes Glas läßt sich glasbläserisch schwieriger verarbeiten als frisches Glas und mit diesem kaum haltbar verschmelzen.

---

[2] M. Eichler: Reißverfestigung an Glasstäben. Z. Physik Bd. 98 (1935) S. 656.

[3] Siehe auch H. Jebsen-Marwedel: Glastechnische Fabrikationsfehler. Verlag J. Springer, Berlin 1936.

Der geometrische Aufbau der Glas-Körper

Vollkörper	Schicht-Körper
Aufbauteil 1. Ordnung Gebrauchsgegenstand	*Aufbauteil 1. Ordnung* Gebrauchsgegenstand
Aufbauteil 2. Ordnung Massivkörper, Platte, Rohr	*Aufbauteil 2. Ordnung* Glasschicht Zwischenschicht
Aufbauteil 3. Ordnung Molekül	*Aufbauteil 3. Ordnung* Molekül

Die Stoffteile (im technischen Sinne) sind stark umrahmt. Vgl. Abhandlung A I, Abschn. 3 „Begriffsbestimmungen", Ziff. 6.

Bildgruppe B III
Glas-Körper

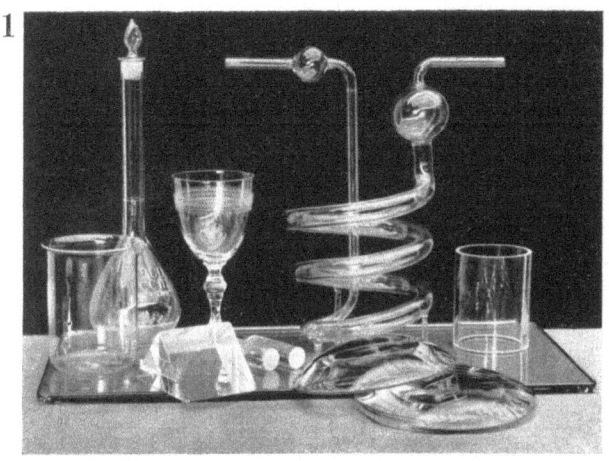

Aufn.: MPA, E. Albrecht

Aufbauteil 1. Ordnung: Gebrauchsgegenstand
Gegenstände aus Klarglas

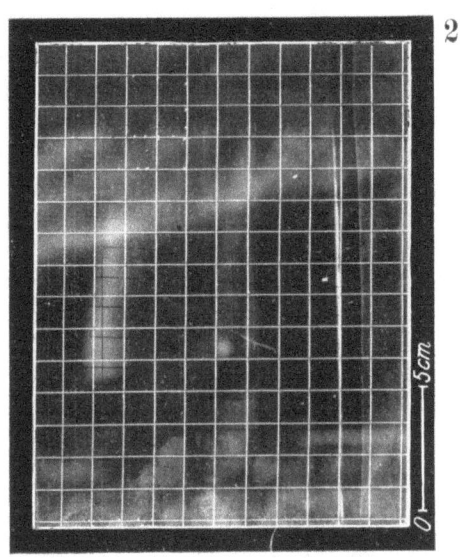

Aufn.: MPA, E. Albrecht

Aufbauteil 1. Ordnung: Gebrauchsgegenstand
Aufbauteile 2. Ordnung: Glas-Körper, Metall-Gewebe
Drahtglas-Platte

Aufn.: MPA, E. Albrecht

Aufbauteil 1. Ordnung: Gebrauchsgegenstand
Gegenstände aus Trübglas

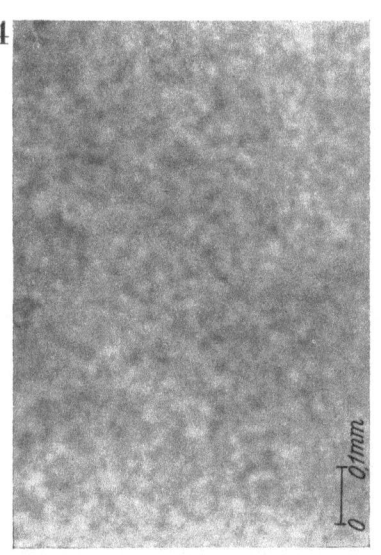

Aufn.: MPA, E. Albrecht

Aufbauteile 2. Ordnung: Glas-Körper, zweite feste Phase
Aufbauteile optisch nicht weiter auflösbar

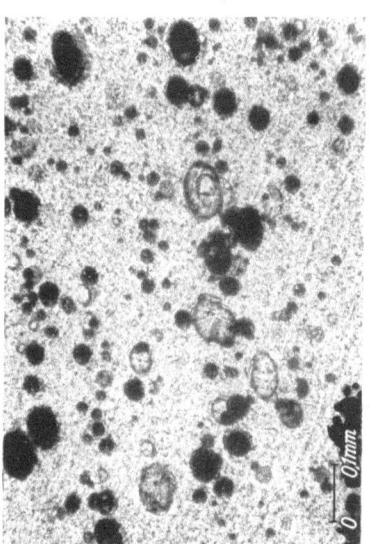

Aufn.: MPA, E. Albrecht

Aufbauteile 2. Ordnung: Glas-Körper, Luft-Einschlüsse
Aufbauteile optisch auflösbar

II. Organische Vollkörper

1. Organische Kunststoff-Körper
Bildgruppe B IV

1. Der Begriff: „Organische Kunststoffe"

Organische Kunststoffe sind Werkstoffe, die aus leicht beschaffbaren organischen Rohstoffen (Azetylen, Teerprodukten usw.) durch chemische Umwandlungen (z. B. Kondensation, Azetylierung, Chlorierung, Polymerisation) aufgebaut (Kunstharze) und in den meisten Fällen mit Füllstoffen gemischt werden. Organische Kunststoffe wurden bisher vorwiegend als elektrische Isolierstoffe verwendet; gegenwärtig dienen sie in zunehmendem Maße als Austauschstoffe für andere Werkstoffe (Metall, Horn, usw.). Man stellt daraus nicht nur kleinere Gebrauchsgegenstände, sondern auch Maschinenteile (Lager, Zahnräder), ja selbst ganze Maschinen mittlerer Größe (Kreiselpumpen) und große Gefäße für industrielle Zwecke her.

Kunststoffe werden — vorzugsweise durch Pressen oder Spritzen in der Wärme — geformt. Je nach der chemischen Natur des Stoffes (im technischen Sinne) geht die Formgebung entweder ohne oder mit chemischer Umwandlung (Härtung) vor sich.

2. Die Individualität

a) *Der Stoff (im technischen Sinne)*

Die Individualität der organischen Kunststoff-Körper wird in erster Linie durch ihre (im technischen Sinne) stofflichen, nämlich ihre chemischen Eigenschaften bestimmt; erst in zweiter Linie spielt der geometrische Aufbau eine Rolle.

Beim Pressen, Strangpressen oder Spritzen tritt bei den meisten organischen Kunststoffen eine weitgehende stoffliche Veränderung ein (hauptsächlich zufolge Polymerisation und Kondensation), wodurch die Eigenschaften des geformten Körpers in chemischer, physikalischer und mechanischer Hinsicht geändert werden.

So ist z. B. die Herstellung der Preßstoffe aus „hartbaren" Phenol-Formaldehyd-Kondensations-Produkten sowie aus Harnstoff-Formaldehyd-Kondensations-Produkten dadurch gekennzeichnet, daß diese Stoffe beim Pressen unter Zuführung von Wärme eine weitgehende chemische Veränderung ihrer Stoffart erfahren. Aus den leicht schmelzbaren, in organischen Lösungsmitteln leicht löslichen Harzen entstehen hierbei unschmelzbare, in den üblichen Lösungsmitteln nicht mehr lösliche („gehärtete") Preßstoffe.

Dieser Umstand ist von entscheidender Bedeutung für die richtige Beurteilung dieses neuartigen Werkstoffs. Der „Stoff" kann also während der Beanspruchung immer nur für einen bestimmten Zeitpunkt definiert werden. Diese Abhängigkeit des Stoffes (im technischen Sinne) von der Zeit bedeutet eine besonders zu beachtende Abhängigkeit der Individualität des Körpers von seiner Vorgeschichte (Abschnitt 2d). Kunststoffe, die mit anderen Stoffen, vornehmlich mit Metall, in Verbindung gebracht werden, müssen chemisch genügend stabil sein, andernfalls sich (z. B. bei starker Erhitzung) Stoffe abspalten, die zur Korrosion des Nachbarstoffs führen.

b) *Der geometrische Aufbau*

Der geometrische Aufbau organischer Kunststoff-Körper muß jeweils dem Verwendungszweck angepaßt werden, vor allem durch entsprechende Auswahl der dem Kunstharz beizumischenden Füllstoffe. In Fällen, wo besonders hohe mechanische Beanspruchungen der Kunststoffe zu erwarten sind, wählt man an Stelle pulverförmiger Füllstoffe solche von Faser- (Bild IV 2) oder Gewebe-Struktur (Asbestfasern, Asbestschnur, organische Gespinste in Form von Fäden, Gewebe-, Papier-Schnitzel).

Für besondere Zwecke werden geschichtete Körper hergestellt (Bild IV 3), die als Zwischenlage (Skelett) Papier (Bild IV 4), Gewebe- oder Holz-Schichten enthalten (Hart-Papier, -Gewebe oder -Holz); ihre Festigkeits-Eigenschaften sind dementsprechend weitgehend richtungsabhängig.

Kunststoff-Körper mit Skelett-Aufbau, z. B. solche aus Hart-Papier und -Gewebe, besitzen eine größere Biege-, Schlagbiege- und Zug-Festigkeit als entsprechende Vollkörper.

In vielen Fällen (Elektrotechnik) baut man Körper aus Preßstoffen in Vereinigung mit anderen Werkstoffen, namentlich mit Metallen (Bild IV 1), auf.

c) *Der Energiegehalt*

Der Energiegehalt der Kunststoff-Körper (mechanische Spannungen, Temperatur usw.) ist zur Zeit noch Gegenstand eingehender Untersuchungen, nach deren Abschluß erst eine Beantwortung der vielen gerade hier erwachsenden Fragen möglich ist.

d) *Die Vorgeschichte*

Bei der hohen Stoff-Empfindlichkeit der organischen Kunststoffe (Abschnitte 2a und b) gibt die Vorgeschichte der hergestellten Körper in besonderem Maße den Ausschlag für ihr Verhalten bei der Verwendung. Es müssen also bei der Herstellung die wesentlichen Verarbeitungs-Bedingungen, die Zusatzstoffe (u. a. Beschleuniger) besonders abgestimmt, Temperatur, Zeit und Druck während der Formgebung besonders sorgfältig bemessen werden.

3. Die Beanspruchungen

Entsprechend den mannigfachen Verwendungszwecken, denen diese neuen Werkstoffe dienstbar gemacht werden können, müssen sie vielfältigen Beanspruchungen gewachsen sein.

An mechanischen Beanspruchungen kommen solche auf Druck, Zug, Biegung, Scherung und Verdrehung vor. Zu beachten ist die oft stark ausgeprägte Richtungsabhängigkeit der Formänderung, vor allem bei geschichtetem Aufbau.

Da organische Kunststoff-Körper bis vor kurzem kaum als tragende Konstruktionsglieder benutzt wurden und demzufolge Festigkeits-Eigenschaften bisher nur von untergeordneter Bedeutung erschienen, so liegen noch keine ausreichenden Erfahrungen vor, die in dieser Hinsicht eine völlig eindeutige Einordnung in die Systematik der Bleibenden Formänderungen gestatten.

Elektrische Beanspruchungen ergeben sich bei Körpern, die für elektrotechnische Zwecke verwendet werden.

Die für diese Beanspruchbarkeit wichtigen elektrischen Konstanten sind: der innere Widerstand, der Oberflächen-Widerstand, die Durchschlag-Festigkeit und für die Hochfrequenz-Technik im besonderen der Verlust-Winkel und die Dielektrizitäts-Konstante. Die Werte dieser Konstanten sind bei den einzelnen organischen Kunststoffen sehr verschieden.

Besondere Beachtung verdient das je nach dem Füllstoff unterschiedliche Verhalten der verschiedenen organischen Kunststoffe gegen Feuchtigkeit.

Der begrenzten Wärme-Beständigkeit und geringen Wärme-Leitfähigkeit der organischen Kunststoffe muß bei der Beurteilung der Verwendungsmöglichkeit als Werkstoff in vielen Fällen besonders Rechnung getragen werden. Anorganische Füllstoffe erhöhen die Wärme-Beständigkeit; im übrigen muß durch konstruktive Gestaltung (dünne Wände, Kühlrippen) für möglichst gute Ableitung der Wärme gesorgt werden.

Unbeabsichtigte Beanspruchungen und Zerstörungen können sich leicht ergeben, wenn bei der Vereinigung organischer Kunststoffe mit anderen Werkstoffen, z. B. mit Metallen, die verschiedenen Wärmeausdehnungs-Koeffizienten und vor allem die unterschiedliche Schwindung (unmittelbar nach der Formgebung in der Wärme) sowie die Schrumpfung (bei Einwirkung höherer Temperaturen im Betrieb) nicht berücksichtigt werden.

Der geometrische Aufbau des organischen Kunststoff-Körpers

in Formen verpreßt

Aufbauteil 1. Ordnung
Gebrauchsgegenstand

Aufbauteil 2. Ordnung
Kunststoff-Teilkörper
Metalleinlage

Aufbauteil 3. Ordnung
Kunstharz-Körper
Füllstoff-Körper: Gewebe-Schnitzel, Einzelfaser, Korn

Aufbauteil 4. Ordnung
Molekül

skelettartig aufgebauter Körper

Aufbauteil 1. Ordnung
Gebrauchsgegenstand

Aufbauteil 2. Ordnung
Kunstharz-Schicht
Papierblatt, Gewebe-Abschnitt

Aufbauteil 3. Ordnung
Molekül

Die Stoffteile (im technischen Sinne) sind stark umrahmt. Vgl. Abhandlung A I, Abschn. 3 „Begriffsbestimmungen", Ziff. 6.

Bildgruppe B IV
Organische Kunststoff-Körper

in Formen verpreßt | geschichtet

Aufn.: MPA, W. Esch

Aufbauteil 1. Ordnung: Gebrauchsgegenstand
Aufbauteile 2. Ordnung: Kunststoff-Teilkörper,
   Metall-Einlage

Querschnitt durch Kunstharz-Preßteil mit eingepreßter Messing-Buchse

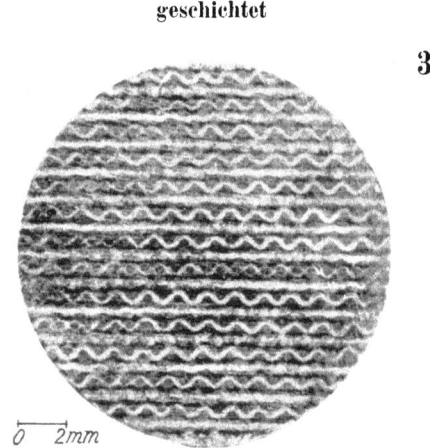

Normblatt (9 b)

Aufbauteil 1. Ordnung: Gebrauchsgegenstand
Aufbauteile 2. Ordnung: Kunstharz-Schicht,
   Gewebe-Abschnitt

Querschnitt durch eine Hartgewebe-Formstange
(aus einer Platte herausgearbeitet)

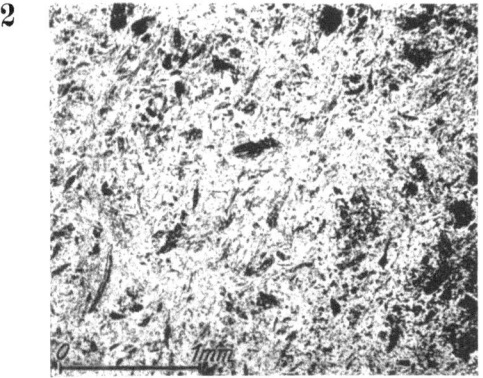

Aufn.: MPA, R. Nitsche

Aufbauteile 3. Ordnung: Kunstharz-Körper,
   Füllstoff-Körper

Schnitt durch Kunstharz-Preßstoff Type S (phenoplastisches Kunstharz als Bindemittel, Holzmehl als Füllstoff)

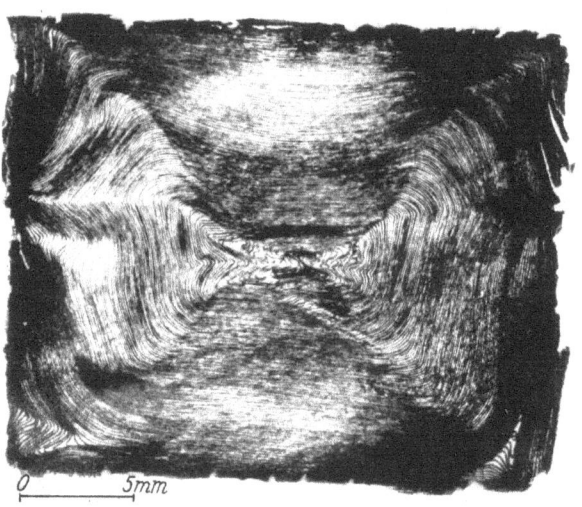

Aufn.: AEG.

Aufbauteil 1. Ordnung: Gebrauchsgegenstand
Aufbauteile 2. Ordnung: Kunstharz-Schicht, Papierblatt

Querschnitt durch eine Hartpapier-Formstange
(gewickelt und gepreßt)

2. Papier-Körper
Bildgruppe B V

1. Der Begriff: „Werkstoff Papier"

Unter dem Werkstoff „Papier" versteht man einen Faser-Filz, der aus einem Gemisch Faserstoff/Wasser auf einem Sieb gebildet wird, und zwar jeweils unter Bedingungen, die die Erreichung bestimmter, vom Verwendungszweck abhängiger Eigenschaften gewährleisten.

Als Faserstoffe kommen überwiegend Fasern pflanzlicher Herkunft zur Verwendung, für Sonderzwecke auch solche tierischen und mineralischen Ursprungs.

Neben den großen Verwendungs-Gruppen — Schreib-, Druck-, Saug-, Hüll-Papier — gibt es eine Reihe von Erzeugnissen für technische Zwecke, die durch Imprägnieren, Pergamentieren u. dgl. bestimmte Eigenschaften erhalten.

Die als „Spinnpapier" bezeichnete Ware wird, in schmale Streifen geschnitten, zu Garn gezwirnt.

2. Die Individualität

Das Verhalten eines Papier-Körpers bei der Verformung (Verarbeitung, Gebrauchs-Beanspruchung und -Abnutzung) hängt ab vom geometrischen Aufbau (Überwindung von Adhäsions-Kräften) und von der Stoffart (im technischen Sinne) (Überwindung von Adhäsions- und Kohäsions-Kräften).

Der Verlauf der Verformung ist auch bei Kenntnis aller Eigenschaften der Aufbauteile (Fasern), die den Faser-Filz bilden, nicht genau voraussagbar und wird zudem noch von dem besonders zu ermittelnden Energiegehalt und von der Vorgeschichte des Körpers beeinflußt.

Die hierbei zur Geltung kommende Individualität eines bestimmten Papierstücks ist jedoch bei der Herstellung hinsichtlich aller in Betracht kommender Umstände beeinflußbar, einerseits durch Auswahl des Fasermaterials (Stoffart im technischen Sinne) und Einhaltung besonderer Herstellungs-Bedingungen (Mahlen, Pressen, Trocknen), anderseits durch Zusatz von Füllstoffen, Leimungs- und Imprägnier-Mitteln.

a) Der geometrische Aufbau

α) Das Papier-Blatt ist ein filzartig aufgebauter Körper, der vorwiegend in zwei Dimensionen entwickelt ist. Gebrauchsgegenstände, die aus mehreren Blättern bestehen, wie z. B. Bücher, sind als Aufbauteil 1. Ordnung, das Blatt selbst als Aufbauteil 2. Ordnung zu bezeichnen (Bild 1 und 2 der Bildgruppe B V).

Die den Filz bildenden Einzelfasern oder Faser-Bündel sind demnach Aufbauteile 3. Ordnung (Bild 3, 4 und 5 der Bildgruppe B V); ihre Anordnung zueinander ist durch die bei der Herstellung angestrebte, aber meistens nicht erreichte Regellosigkeit (Quasi-Isotropie) gekennzeichnet.

Durch besondere Herstellungs- und Verarbeitungs-Verfahren können zwei oder mehrere Blätter zu einem mehrschichtig aufgebauten Körper (z. B. Karton), also einem „Skelett-Körper", vereinigt werden.

Aufbauteile höherer Ordnung sind die Lamellen und Fibrillen der Zellwand (histologische Elemente), die Kristallite und die Moleküle der Cellulose.

Sämtliche Festigkeits-Eigenschaften des Papiers werden von denjenigen der Einzelfaser bestimmt; von entscheidender Bedeutung sind dabei die geometrische Gestalt der Einzelfaser und der Grad ihrer mechanischen Zerteilung, wovon die Verfilzbarkeit abhängt.

Es erscheint mithin zweckmäßig, für die Begriffsbestimmung eines Papier-Körpers die Einzelfaser als Teil des geometrischen Aufbaus, und deren unterschiedliche Eigenschaften als Kennzeichen der Stoffart (im technischen Sinne) zu erklären.

β) Papier-Garn. Das Papier-Garn als Gebrauchsgegenstand (Aufbauteil 1. Ordnung) stellt einen in vorwiegend einer Dimension entwickelten Körper vor. Zur Kennzeichnung seiner geometrischen Gestalt erscheint es zweckmäßig, als Aufbauteil 2. Ordnung das Papier-Band zu betrachten, das nach Verdrehung um seine Längsachse das Skelett des Garn-Körpers bildet (Bild 1 der Bildgruppe B V). Aufbauteile höherer Ordnung sind die Einzelfasern und Faserbündel, Lamellen usw. .

γ) Beispiele für die Ursachen eigentümlicher Verformungen von Papier-Körpern:

Die bei der Herstellung von Papier erreichbare Zug-, Berst-, Einreiß- und Falz-Festigkeit hängt ab von der mechanischen Zerteilung der Fasern in Fibrillen (Mahlung) und der damit verbundenen Quellung und Schleim-Bildung der Fasern; bestimmten Mahlgraden entsprechen maximale Zug-, Berst-, Einreiß- und Falz-Festigkeiten.

Da das Auflaufen des stark verdünnten Stoffbreis auf das Sieb strömend erfolgt, so bildet sich eine Fließ-Struktur derart, daß sich mehr Fasern in Richtung des Maschinen-Laufs als quer dazu lagern (Bild 2 der Bildgruppe B V). Da diese Orientierung der Fasern trotz besonderer Schüttelvorrichtungen u. dgl. nicht vollkommen vermeidbar ist, so ergeben sich aus dieser Anisotropie bei fast allen Papierarten unterschiedliche mechanische Eigenschaften in den beiden Hauptrichtungen des Papierblatts.

Das im allgemeinen bei der Berstdruck-Prüfung von Papier auftretende Rißbild zeigt Bild 2 der Bildgruppe A V.

Bei der Papierprüfung ist ferner der Einfluß der besonderen Dimension des „Probe-Körpers" zu berücksichtigen. Beim Zugversuch z. B. sinkt mit steigender Einspann-Länge die prozentuale Dehnung; der Berstdruck ist eine Funktion der Berst-Fläche. Die bei der Prüfung erhaltenen Werte sind daher erst nach Angabe der Dimension des Probe-Körpers (z. B. Einspannlänge, Größe der Berst-Fläche) definiert.

Der Einfluß der geometrischen Gestalt der Einzelfaser auf die Verformung des Papier-Körpers ist letzthin bedingt durch die Eigenschaften des Stoffes (im technischen Sinne).

b) Der Stoff (im technischen Sinne)

Für die Herstellung von Papier verwendet man:
hauptsächlich Fasern pflanzlichen Ursprungs (Bilder B V, 3 bis 5):

Hadern (von Natur aus unverholzte Fasern: z. B. Baumwolle, Leinen, Hanf, Ramie, d. h. Chinagras),
Zellstoffe (ursprünglich verholzte, chemisch aufgeschlossene Fasern: z. B. Holz-, Stroh-, Jute-Zellstoff),
verholzte Fasern (z. B. Holzschliff, Strohstoff, rohe Jute);

in geringem Maße tierische Fasern (Wolle);
auch mineralische Fasern (Asbest).

Die mechanischen Eigenschaften einer Einzelfaser werden rein wissenschaftlich durch ihre Feinstruktur (geometrischer Aufbau) erklärt. Die kennzeichnende hohe Zug-Festigkeit der pflanzlichen Einzelfaser kann z. B. zurückgeführt werden auf:

die Ausdehnung der Fibrillen vornehmlich in einer Dimension;
die zweckvolle parallele Anordnung der Fibrillen in zur Faserachse teils annähernd tangentialer („Primär-Schicht"), teils annähernd paralleler Richtung („Sekundär-Schicht");
die kristallographische Feinstruktur der Cellulose;
den besonderen Bau der Ketten-Moleküle der Cellulose.

Für die hier zu gebende Definition des Papier-Körpers sollen jedoch (Abschnitt 2a) die entscheidenden Eigenschaften auf die Faser zurückgeführt werden. Darnach wäre also der Stoff (im technischen Sinne) für die mechanischen Eigenschaften der aus solchen Einzelfasern aufgebauten Papiere verantwortlich.

Beispiel: Die Holzschliff-Faser, die starr und dadurch schwer verfilzbar ist, vermindert die Zug-, Berst-, Einreiß- und Falz-Festigkeit des Papiers; im Gegensatz dazu lassen sich die Hadern-Fasern gut „fibrillieren" (Längsteilung der Faser durch die Mahlung), geben daher ein gut verfilztes Gefüge und damit ein Papier von hoher Zug-, Berst- und Falz-Festigkeit.

Die Gestalt der Stroh-Zellstoff-Faser und der Esparto-Zellstoff-Faser sind einander sehr ähnlich. Aus diesen Fasern hergestellte Papiere haben aber verschiedene Härten (Druck-Festigkeiten). Stroh-Zellstoff macht das Papier hart, Esparto-Zellstoff infolge der größeren Geschmeidigkeit der Einzelfaser (niedrigerer Kieselsäure-Gehalt) eher weich.

Die Länge der Faser beeinflußt sämtliche Festigkeitseigenschaften des Papiers: Laubholz-Zellstoff hat kürzere Fasern als Holz-Zellstoff und ist daher für die Erzeugung von Papier mit z. B. hoher Zug-Festigkeit weniger geeignet. Er wird jedoch neuerdings als Ausgangsstoff für die Herstellung von Zellwolle in großem Maßstab verwendet (Buchenholz-Zellstoff), da für diesen Zweck die Länge der Einzelfaser nicht von Belang ist.

c) Der Energiegehalt

Wärme-Energie („trockene Wärme") beeinflußt die Verformung von Papier innerhalb der atmosphärischen Temperatur-Schwankungen nur unerheblich. Temperaturen über 90° führen zu Veränderungen der stofflichen Eigenschaften (Kürzung der Ketten-Moleküle, Bildung von Oxycellulose) und damit auch zu einer andersartigen Verformung (Zerfall von Papier bei länger dauernder Erhitzung; künstliche „Alterung" als Prüfmethode).

Papier kann von der Fabrikation her (Vorgeschichte) Spannungen (potentielle mechanische Energie) im Gefüge aufweisen, die bei der Verformung wirksam werden. So hat es eine größere Dehnbarkeit in der Querrichtung, weil es bei der Herstellung in dieser Richtung weniger auf Zug beansprucht wird, als in der Längsrichtung.

Das Welligwerden beim Lagern oder bei der Verarbeitung ist ebenfalls auf Spannungen im Papierblatt zurückzuführen, die zur Auslösung kommen, wenn die Temperatur oder der Feuchtigkeits-Gehalt sich ändern.

d) Die Vorgeschichte

Im allgemeinen führen die Gebrauchs-Beanspruchungen zu einer Lockerung des Gefüges und beeinflussen damit alle späteren Verformungen. Wichtig ist die Zeit-Abhängigkeit der Verformung während der Beanspruchung (Einfluß der Geschwindigkeit beim Zug- und Berst-Versuch).

Einen wichtigen Abschnitt der Vorgeschichte eines Papier-Körpers stellen die Beanspruchungen dar, die das Papier bereits während der Herstellung auf der Papiermaschine erfährt (Abschnitt 2c).

3. Die Beanspruchungen

Da Papier eine sehr niedrige Elastizitätsgrenze besitzt, so führt die Mehrzahl aller Beanspruchungen zu Bleibenden Formänderungen. Ausgenommen hiervon sind bei dünnem Papier jene Biege-Beanspruchungen (Aufrollen, Umblättern), bei welchen der Biege-Radius so groß ist, daß weder auf der Außenseite des Bogens Zug-Spannungen noch auf der Innenseite Druck-Spannungen über die Elastizitätsgrenze hinaus auftreten.

Die Gebrauchs-Beanspruchung von Papier beruht hauptsächlich in der Einwirkung äußerer Kräfte. Der Verlauf der hierbei auftretenden, gewollten (Verarbeitungs-) und ungewollten (Abnutzungs-, Zerstörungs-) Verformungen ist für die Beurteilung des Gebrauchswertes maßgebend. Bei der Prüfung muß daher der Verwendungszweck berücksichtigt werden,

z. B. Bestimmung der Rillfahigkeit und Biege-Festigkeit von Faltschachtel-Karton, der Zug-Festigkeit von Rotationsdruck-Papier, der Naß-Festigkeit der Unterlags-Papiere für Straßenbau, der Berst-Festigkeit von Zementsack-Papier unmittelbar nach Erhitzung des Papiers usw..

Von besondrer Bedeutung ist die Wechselwirkung zwischen dem Feuchtigkeitsgehalt des Papiers und der Atmosphäre. Die Fasern nehmen aus dieser Wasser bis zur Erreichung eines Gleichgewichtszustandes auf, was durch Oberflächen-Adsorption und Einlagerung innerhalb der Feinstruktur (Quellung) geschieht. Im letzteren Falle werden Kräfte wirksam, die zu einer Änderung der Gestalt der Einzelfasern und des Papiers führen (Flächen-Dehnung, Welligwerden). Damit ändern sich bestimmte physikalisch-chemische Eigenschaften, also die Stoffart (im technischen Sinne) (z. B. Verringerung der Inneren Reibung) in einem für die Verformung bedeutsamen Maße. Die Prüfräume müssen daher ständig mit Luft von gleichbleibender Temperatur (20°) und Feuchtigkeit (65% relative Luftfeuchtigkeit) versorgt werden („Klimatisierung").

Diese Sorgfalt verlangen manche Papiere auch bei der Verarbeitung, vornehmlich beim Mehrfarben-Druck. Hier müssen Flächen-Dehnungen des Papiers zwischen den einzelnen Druck-Vorgängen vermieden werden, weil sonst die Abgrenzungen der einzelnen Farbdrucke nicht genau übereinanderpassen würden („Passer"-Schwierigkeiten).

Der geometrische Aufbau des Papier-Körpers

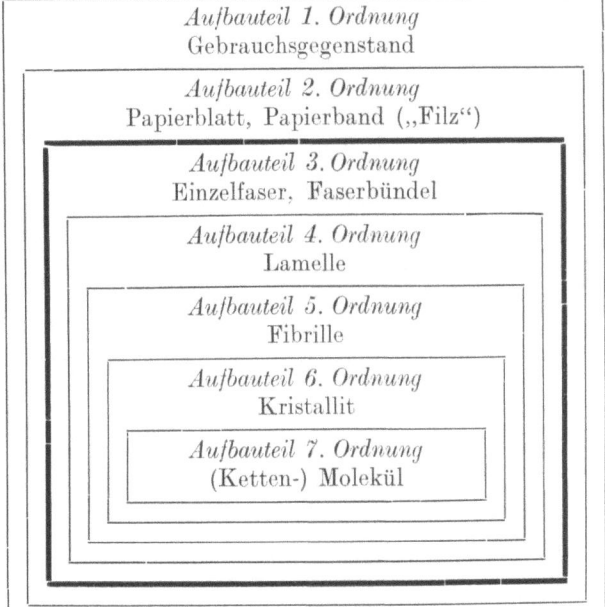

Die Stoffteile (im technischen Sinne) sind stark umrahmt. Vgl. Abhandlung A I, Abschn. 3 „Begriffsbestimmungen", Ziff. 6.

Bildgruppe B V
Papier-Körper

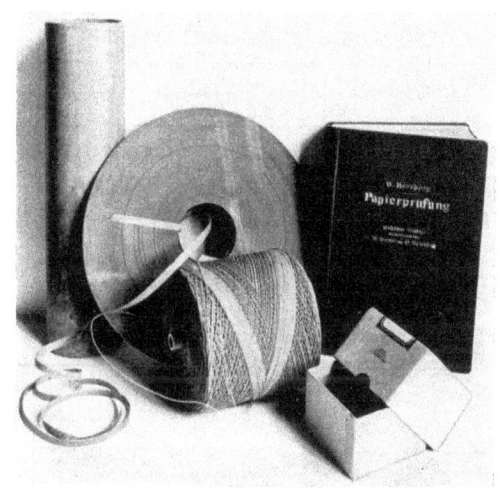

Aufn.: MPA, F. Burgstaller
Aufbauteil 1. Ordnung: Gebrauchsgegenstand

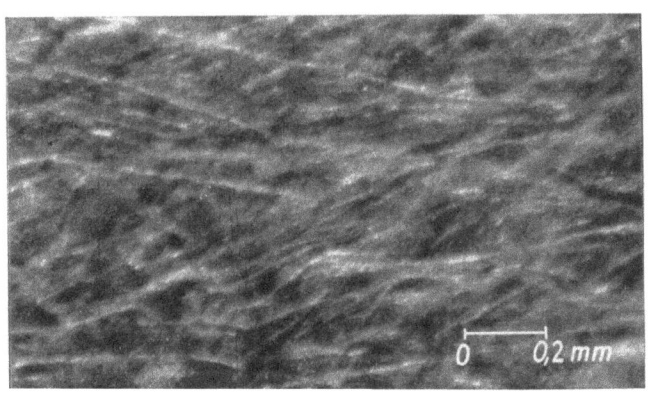

Aufn.: MPA, B. Schulze
Aufbauteil 2. Ordnung: Papierblatt
Aufbauteil 3. Ordnung: Einzelfaser
Oberfläche eines Papierblattes; angestrebte, jedoch nicht vollkommen erreichte Regellosigkeit der Anordnung der Einzelfasern zueinander

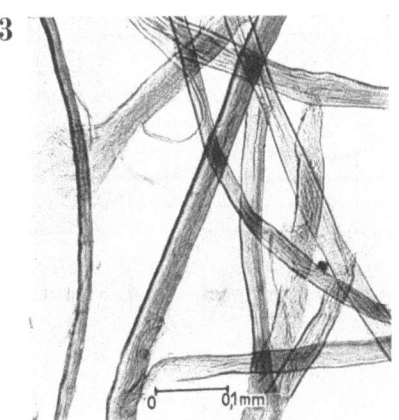

Aufn.: MPA, B. Schulze
Aufbauteil 3. Ordnung: Einzelfaser
Baumwoll-Halbstoff

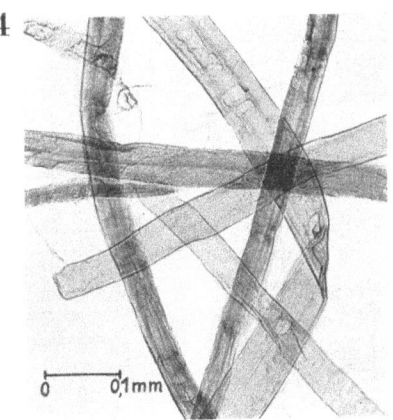

Aufn.: MPA, G. Dalén
Aufbauteil 3. Ordnung: Einzelfaser
Nadelholz-Zellstoff

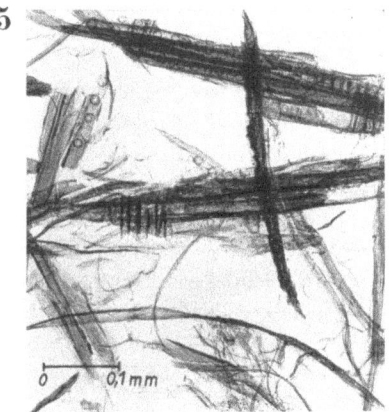

Aufn.: MPA, G. Dalén
Aufbauteil 3. Ordnung: Einzelfaser und Faserbündel
Holzschliff

3. Leder-Körper

Bildgruppe B VI

1. Der Begriff „Werkstoff Leder"

Leder ist ein Werkstoff, der aus tierischen Häuten, also aus einem Erzeugnis der belebten Natur, durch eine konservierende (vor Fäulnis schützende) Behandlung hergestellt wird. Seine Verwendung wird durch die vorwiegend zweidimensionale Ausdehnung (Bekleidungs-, Sohl-, Taschen-Leder usw.) oder vorwiegend eindimensionale Ausdehnung (Riemen) bestimmt und begrenzt.

2. Die Individualität

a) *Der geometrische Aufbau*

Die Individualität der Leder-Körper wird vor allem durch ihren eigenartigen geometrischen Aufbau und durch ihre geometrische Gestalt (Körper-Begrenzung) bestimmt (Bild B VI 1 u. 2).

Ihrer Gestalt nach sind die Leder-Körper durch eine flächenhafte Ausdehnung, also durch ein starkes Zurücktreten der einen Dimension (Dicke) gegenüber den beiden anderen Dimensionen gekennzeichnet.

Die Unter-Individuen sind aus faserähnlichen, filzartig untereinander verflochtenen Zellen aufgebaut (Bild B VI 3). Sie verlaufen scheinbar regellos nach allen Richtungen hin und haben weder Anfang noch Ende.

Aus dieser Verflechtung endloser Fasern erklärt sich die hohe Zug-Festigkeit des Voll-Leders. Das durch Aufspalten parallel zur Hautfläche hergestellte Spalt-Leder, bei dem die Fasern an unzähligen Stellen zerschnitten sind, hat eine bedeutend geringere Zug-Festigkeit.

Auf der Fleischseite des Leders sind die Fasern dicker und lockerer verflochten als auf der Narbenseite (Bild B VI 3), ein Unterschied, der z. B. bei Scheuer-Beanspruchungen berücksichtigt werden muß.

b) *Der Stoff (im technischen Sinne)*

Bereits die Fasern können praktisch als „Stoff-Teile", ihre Eigenschaften als stofflich (im technischen Sinne) angesehen werden.

Je nach Wahl der Hautart und ihrer Vorbereitung, Gerbung und Zurichtung (Färben, Glätten, künstliche Narbung usw.) erhält man Leder für verschiedene Verwendungszwecke (schwere z. B. technische Leder, Sohl-Leder; mittlere, z. B. Sattler- und Oberleder; leichte, z. B. Handschuh- und Buchbinder-Leder). Je nach Art der Gerbung werden loh-, mineral-, fett- und aldehydgare sowie gemischt gerbte Leder unterschieden. „Rohhaut-Leder" entsteht durch Imprägnieren der ungekalkten und ungegerbten Haut.

c) *Der Energiegehalt*

Leder-Gegenstände (z. B. Schuhwerk), die naß geworden sind und dann in der Wärme (Temperaturen über 60°) getrocknet werden, werden sehr schnell zerstört. Durch Einwirkung freier Mineralsäuren wird Leder mürbe und brüchig.

d) *Die Vorgeschichte*

Während die Art der Vorbereitung, Gerbung und Zurichtung der Tierhaut den Verwendungszweck bestimmen, hängt von der dabei beobachteten Sorgfalt die besondere Beschaffenheit und die Güte des fertigen Gebrauchsgegenstandes ab. So darf die Äscherung, die vornehmlich der Entfernung der Haare sowie der äußeren Hautschicht dient, die Lederhaut nicht angreifen. Der Grad der Durchgerbung bestimmt ausschlaggebend die Güte des Leders. Nicht gleichmäßig durchgegerbtes Leder enthält im Innern noch rohe Hautfasern, wodurch sich örtlich beträchtliche stoffliche Unterschiede ergeben können.

Der geometrische Aufbau des Leder-Körpers

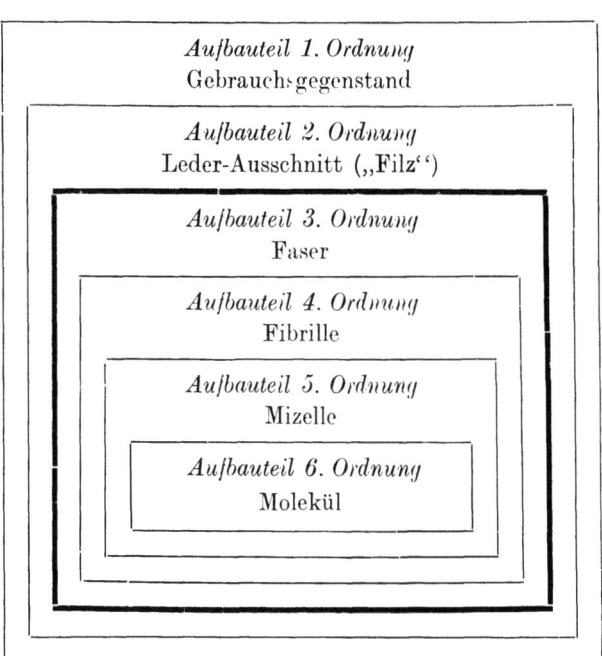

Die Stoffteile (im technischen Sinne) sind stark umrahmt.
Vgl. Abhandlung A I, Abschn. 3 „Begriffsbestimmungen", Ziff. 6.

3. Die Beanspruchungen

Die Art der mechanischen Beanspruchungen der aus Leder hergestellten Körper steht meist in engem Zusammenhang mit der vorwiegend zweidimensionalen Gestalt dieses Werkstoffes. Beispielsweise unterliegen Kleidungsstücke und Sohlen vorwiegend einer Scheuer- und Biege-Beanspruchung. Riemen erfahren vornehmlich Zug-Beanspruchungen. Neben diesen mechanischen Beanspruchungen haben Leder-Körper oft auch anderen Einflüssen zu widerstehen. So ist für Kleidungsstücke und Sohlen das Verhalten gegen Feuchtigkeit von großer Bedeutung (Wasseraufnahme-Vermögen, Wasser-Durchlässigkeit). Allen diesen Anforderungen läßt sich innerhalb gewisser Grenzen durch geeignete Wahl der Leder-Art und -Gerbung Rechnung tragen.

Bildgruppe B VI
Leder-Körper

1

Aufn.: MPA, R. Nitsche

Aufbauteil 1. Ordnung: Gebrauchsgegenstand
Aufbauteil 2. Ordnung: Leder-Ausschnitt

2

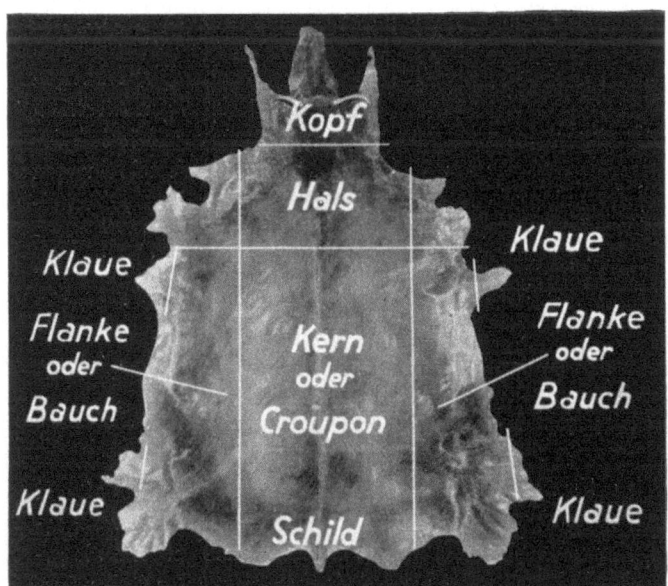

Aufn.: L. Jablonski (5) S. 150 Abb. 8

Aufbauteil 2. Ordnung: Leder-Ausschnitt
Einteilung der Haut

3

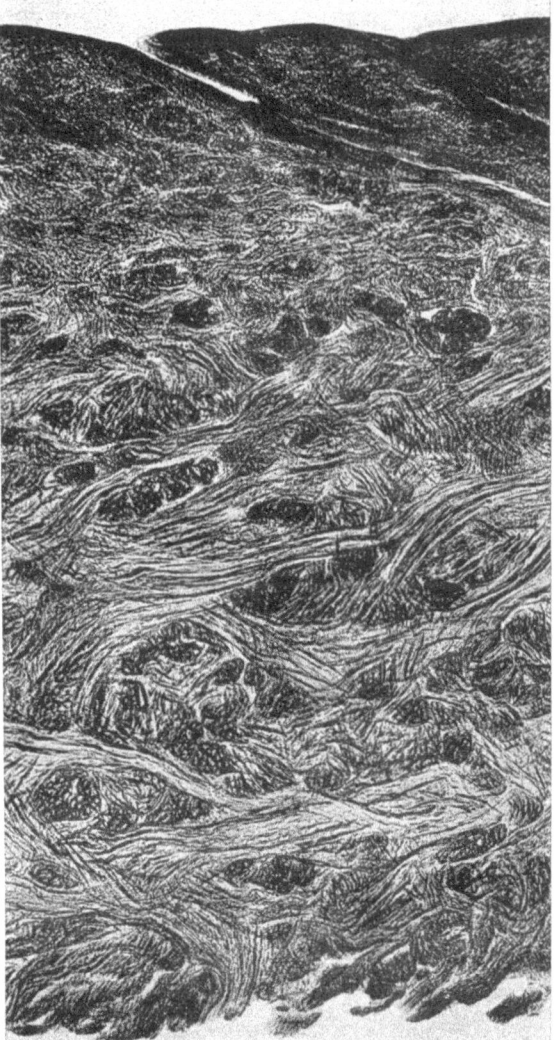

Aufn.: J. A. Wilson (15) S. 571 Abb. 282

Aufbauteil 3. Ordnung: Faser
Vertikalschnitt durch Kalbsleder (vegetabilisch gerbt)
Narbenseite oben, Fleischseite unten

III. Skelettartig aufgebaute Körper

1. Stahl-Bauten (Hoch- und Brückenbauten)
Bildgruppe B VII

1. Der Begriff: „Stahl-Bauten"

Stahl-Bauten (Hoch- und Brücken-Bauten) sind zwei- auch dreidimensionale „Skelett-Körper". Ihre technisch vollendete Gestaltung hat sich zu einer besonderen Wissenschaft entwickelt.

Je nach dem Verwendungszweck eines Konstruktionsteils wird — innerhalb des Sammelbegriffs Stahl — die jeweils geeignetste Stahlsorte (St. 37, St. 52 usw.) eingesetzt.

2. Die Beanspruchungen

Der Grad der Erfüllung des Verwendungszwecks und die Lebensdauer eines Stahl-Baus sind maßgebend bedingt durch die Einflüsse der Umwelt. Es erhebt sich hier die Frage, inwieweit die natürlichen Einflüsse der Umwelt bei der Werkstoff-Prüfung sich durch Prüfeinrichtungen ersetzen lassen.

a) Die wichtigste Beanspruchung jeder Baukonstruktion ist die statische Belastung, die das Bauwerk zur Erfüllung seines Verwendungszwecks aufzunehmen hat. Die Belastungszeit und die Häufigkeit der wahrscheinlich während der Lebensdauer des Baus vorkommenden Belastungs- und Entlastungs-Wechsel hat zur Unterteilung der Stahlbauten in statisch beanspruchte (nur wenige Lastwechsel) und dynamisch beanspruchte (sehr viele Lastwechsel) geführt. Zu den ersteren rechnet man im allgemeinen alle Hochbau-Konstruktionen, zu den letzteren die Brückenbauten, obwohl diese einfache Einteilung nicht immer zutrifft; denn es gibt sowohl dynamisch beanspruchte Hochbauten als auch statisch beanspruchte Brückenbauten.

Die Nachahmung der Belastung des Bauwerks im Versuch ist eindeutig bei der statischen Belastung. Entsprechend den natürlichen Dauerbelastungen, die das Bauwerk unter Einschaltung kleinerer und größerer Ruhepausen während vieler Jahre auszuhalten hat, müssen beim Versuch mehrere Millionen Lastwechsel notgedrungen auf den kleinen Zeitraum von einigen Tagen zusammengedrängt werden.

Obwohl zahlreiche Versuchsergebnisse dafür sprechen, daß diese Prüf-Methode den wesentlichen tatsächlich vorhandenen Umwelt-Faktoren gerecht wird, wird — selbst von Stahlbau-Fachleuten — immer wieder die Berechtigung zur Übertragung der Ergebnisse der Stahlbau-Dauerprüfung auf die Praxis angezweifelt.

b) Als zweite Gruppe von Einflüssen der Umwelt wären diejenigen statischen Belastungen anzusehen, welche auf das Bauwerk als Folge von Naturgewalten einwirken können, ohne daß sie mit dem Verwendungszweck unmittelbar zusammenhängen. Dies wären z. B.:

Stürme
Die für diesen Fall anzunehmenden stellvertretenden Belastungen sind in den einzelnen Ländern durch Vorschriften festgesetzt.

Erdbeben
Erfahrungen über zweckmäßige Vorkehrungen in dieser Hinsicht dürften die vom Erdbeben betroffenen Länder besitzen.

Luftangriffe
Nach den bisherigen Erfahrungen werden durch Explosionen am wenigsten die Skelettbauten (Stahl-Skelettbauten, Eisenbeton-Skelettbauten) gefährdet. Bedingung hierbei ist:
a) Die Skelette selbst müssen eine gute Quersteifigkeit besitzen.
b) Die Ausfachungen sollen aus leichten Baustoffen bestehen und mit dem Skelett selbst so leicht verbunden sein, daß die Gefache durch die Druck- und Sogwirkungen der Explosion herausgedrückt werden. Hierdurch werden die Angriffsflächen für die gewaltigen Luftdrücke verringert und die tragenden Skelette selbst geschont.

Brände
Gegen das Erweichen durch Brandwirkung können Stahlstützen mit Hilfe einer Ausfüllung oder Ummantelung der Stahlprofile durch Beton, Bimsbeton, Gipsputz auf Drahtgewebe und ähnlichen Vorkehrungen geschützt werden. Für eine Feuerbeständigkeit muß die Umhüllung mindestens 40 mm dick sein. Durch Wahl von Stoffen mit geringerer Wärme-Leitfähigkeit kann auch eine hohe Feuerbeständigkeit erreicht werden.

c) Als dritte Gruppe maßgebender Einwirkungen der Umwelt sind geometrische Veränderungen derselben zu nennen. Diese können sowohl unter dem Einfluß des Stahlbau-Körpers (z. B. die Widerlager-Verschiebungen einer Bogenbrücke unter der Einwirkung des Horizontalschubes) als auch unabhängig von diesem (Bodensenkungen und Einbrüche in Bergbaugebieten) auftreten.

d) Weitere maßgebende Einflüsse sind Änderungen der Temperatur, die ebenfalls statische Beanspruchungen hervorrufen können, und Korrosion.

3. Die Individualität

a) Der geometrische Aufbau

Zunächst kann allgemein gesagt werden, daß die geometrische Form des Stahlbau-Körpers ausschlaggebend für die Festigkeit ist. Kerbformen sind als gefährlich möglichst bei den Aufbauteilen aller Ordnungen zu vermeiden, also bei der Formgebung des Gesamtbauwerks, wie seiner Einzelteile.

Während bei der Schwester-Bauart, dem Massivbau, jede der in der Systematik Bleibender Formänderungen unterschiedenen Körperformen — ein-, zwei- und dreidimensionale „Vollkörper" und „Skelett-Körper" —

vorkommen, scheiden im Stahlbau die Vollkörper aus. Lediglich in allerletzter Zeit sind einige zweidimensionale Bauwerke in Gestalt von raum-abschließenden Platten-Konstruktionen als Stahlbauten für Hallen erstellt worden. Sie kommen sonst allerhöchstens als Unter-Individuen in Gestalt von Lagerkörpern usw. vor, nie aber als ganze Stahlbauten.

Je nachdem die Glieder des Stahl-Skeletts biegungssteif zur Aufnahme von Schub, Normalkraft und Biegung oder nicht biegungssteif nur zur Aufnahme von Normalkraft sind, unterscheidet man technisch Stabwerke und Fachwerke. Allgemein üblich ist die gedankliche Aufteilung der dreidimensionalen Tragwerke in zweidimensionale, die der theoretischen und experimentellen Prüfung besser zugänglich sind. Die Prüfung ganzer Stahl-Bauten, also der Aufbauteile 1. Ordnung, im Versuch geschieht durch Probe-Belastungen ohne Zuhilfenahme von Maschinen oder (unvollkommener) durch Prüfung von Modellkörpern in der Prüfmaschine.

Aufbauteile 2. Ordnung, Bildgruppe B VII, der Stahlkonstruktion sind die einzelnen Träger, Stützen, Stäbe und deren Anschlüsse und Verbindungspunkte. Soweit es sich um große Konstruktionen handelt, sind auch diese wieder zusammengesetzt aus Stab- und Formeisen. Allgemein kann man deshalb als Aufbauteile 2. Ordnung bezeichnen die zusammengesetzten Profile auf der einen und die Verbindungsmittel auf der anderen Seite. Die Verbindungen sind wieder einzuteilen in genietete und geschweißte.

Die Aufbauteile 3. Ordnung sind dann die einzelnen Profileisen (Träger, Winkel, Bleche usw.).

b) Der Stoff (im technischen Sinne)

Die Aufbauteile 4. Ordnung sind bereits Stoffteile im technischen Sinne. Wir unterscheiden die verschiedenen Stahlsorten (St 37, St 52 usw.). Durch Entnahme und Prüfung von Materialproben werden die mechanischen Eigenschaften dieser Stähle ermittelt.

Damit ist die Frage nach der Grenzziehung zwischen geometrischem Aufbau und Stoff (im technischen Sinne) für das Gebiet des Stahlbaus beantwortet. Die weitere Untersuchung dieses „Stoffs" ist Aufgabe der Metallographie, der Physik und Chemie.

c) Der Energiegehalt

Außer dem geometrischen Aufbau und dem Stoff (im technischen Sinne) sind noch folgende, für den Bestand der Stahlbau-Konstruktion maßgebenden Individual-Faktoren anzuführen:

α) die aus der Herstellung herrührenden inneren Spannungen, insbesondere bei Schweiß-Konstruktionen, aber auch bei Walz-Trägern und selbst solche bei der Montage genieteter Konstruktionen.

β) die aus Herstellung oder Verarbeitung herrührenden Gefüge-Umbildungen (Härtungs-Erscheinungen beim Schweißen).

γ) die bei der Belastung des Stahlkörpers herrschende Temperatur.

d) Die Vorgeschichte

Einen nicht unwesentlichen Einfluß auf das Verhalten eines Stahlbaus gegenüber Beanspruchungen hat seine Vorgeschichte. Die Tragfähigkeit ist z. B. nach wiederholten Belastungen wesentlich geringer als bei einmaliger Belastung (s. Abschnitt 2).

Auch der Einfluß der Korrosion hängt ebenfalls von der Vorgeschichte ab.

Zu III, 2 Eisenbeton-Bauten, S. 52

Der geometrische Aufbau von Stahl-Bauten

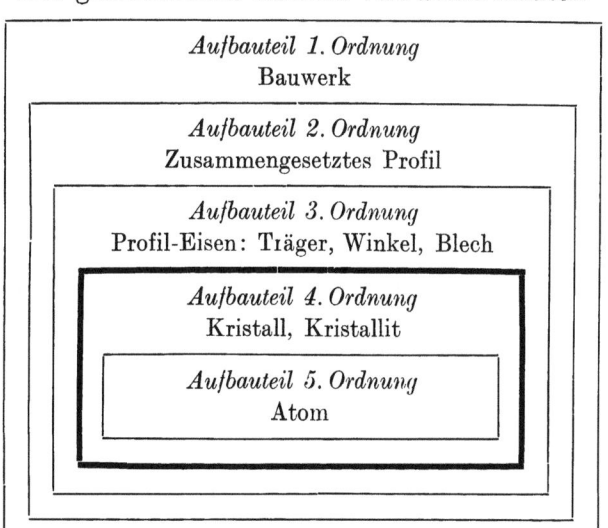

Der geometrische Aufbau von Eisenbeton-Bauten

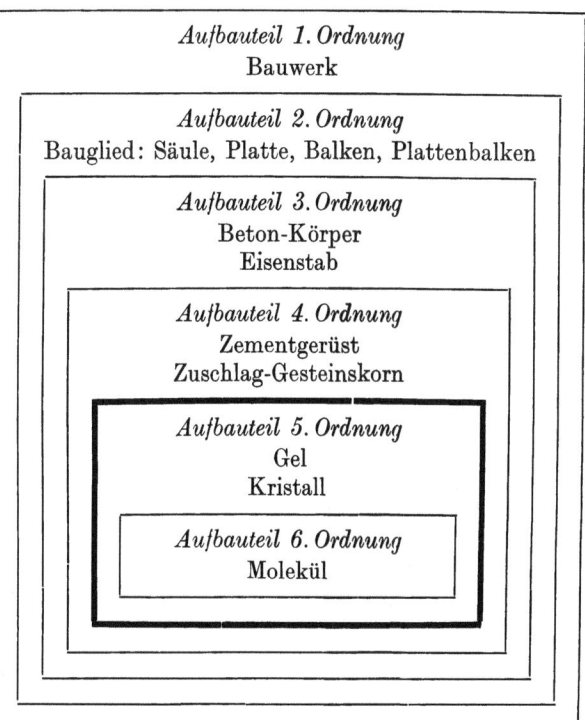

Die Stoffteile (im technischen Sinne) sind stark umrahmt. Vgl. Abhandlung A I, Abschn. 3 „Begriffsbestimmungen", Ziff. 6.

Bildgruppe B VII
Stahl-Bauten (Hoch- und Brücken-Bauten)

Aufn.: M. Grüning (4) S. 368 Abb. 308
Aufbauteil 1. Ordnung: Bauwerk
Brücke über die Hafen-Einfahrt von Rio de Janeiro

Aufn.: M. Grüning (4) S. 381 Abb. 320
Aufbauteil 2. Ordnung: Zusammengesetzter Profilstab
Windverband der Rheinbrücke Duisburg—Hochfeld

2. Eisenbeton-Bauten

„Eisenbeton-Bau" bedeutet eine Verbund-Konstruktion, bei welcher der Beton im wesentlichen die Druck- und Hauptdruck-Spannungen, das Eisen die Zug-, Hauptzug- und Schub-Spannungen aufzunehmen hat. Beton und Eisen müssen also im Verbund-Querschnitt eine Verteilung erhalten, die jeweils dem voraussichtlichen Spannungsverlauf entspricht. Dementsprechend eignet sich eine solche skelettartige Bauweise nicht für das reine Zugglied; ihr eigenstes Gebiet ist das Biegeglied, das Bauglied mit Biegung und Achsialdruck und das Druckglied.

Die Aufbauteile 3. Ordnung des Eisenbeton-Bauwerks, nämlich Beton-Körper und Eisenstab, sind einzeln unter „Beton-Bauten", Abschnitt B I 3, und „Metall-Körper", Abschnitt B I 1, behandelt. Die folgenden Ausführungen beschränken sich auf die darüber hinaus dem Eisenbeton-Bau eigenen Besonderheiten.

Die **geometrische Gestalt** entspricht derjenigen beim Beton-Körper; jedoch herrschen im Eisenbeton-Körper zwei Dimensionen, in gewissen Fällen auch eine Dimension, vor.

Beim **geometrischen Aufbau** tritt als weiterer Aufbauteil der Stahl (St 37, hochwertiger Stahl und Stahl mit hoher Streckgrenze) hinzu, und zwar in Form „schlaffer" Rundeisen. Rechnerisch wird beim Eisenbeton-Bau die Bewehrung weit unterhalb der Streckgrenze beansprucht; der Stahl wird also nur innerhalb des Proportionalitätsbereiches angestrengt.

Zur **Vorgeschichte** des Betons kommt diejenige des Stahls hinzu.

Beim Spann-Eisenbeton, bei dem die Bewehrung unter Vorspannung gesetzt wird, wird der **Energiegehalt** um die Vorspannung verändert.

Die **Beanspruchungen** sind die gleichen wie beim Beton-Bau. Es kommen noch hinzu diejenigen Beanspruchungen, welche durch den Charakter des Baugliedes als Biegeglied bedingt sind.

Tabelle: „Der geometrische Aufbau von Eisenbeton-Bauten" siehe S. 51.

3. Holz-Körper
Bildgruppe B VIII

1. Der Begriff: „Werkstoff Holz"

Als Holz im Sinne der Werkstoffkunde bezeichnet man die von der Rinde befreiten Stämme, Äste und Wurzeln der Bäume und Sträucher. Dieser von der Natur dargebotene Werkstoff dient zur Herstellung von Gegenständen der verschiedensten Art und Größe vom kleinsten Gebrauchsgegenstand (Zündhölzchen) bis zu großen Fachwerk-Bauten (Türmen, Brücken).

2. Die Individualität

Das Holz, ursprünglich die Gerüst-Substanz der Bäume und Sträucher, ist gerade wegen seiner ursprünglichen Bestimmung als organisch gewachsener Bestandteil eines Individuums im Sinne der Natur, auch das ideale Beispiel eines Individuums im Sinne der Systematik Bleibender Formänderungen.

Hier stehen die wesentlichen Umstände, die die „Individualität" eines Körpers bestimmen, Stoff im technischen Sinne und geometrischer Aufbau, in wahrhaft organischer Beziehung zueinander. Da der kleinste unterscheidbare Aufbauteil bei der natürlichen Beanspruchung im Sinne der besten Festigkeit und besten elastisch nachgiebigen Verformung arbeitet, ist es selbstverständlich, daß bei der technischen Verwendung nur dann das Äußerste aus dem Holz herausgeholt wird, wenn der Verwendungszweck und damit die Beanspruchung genau den natürlichen Verhältnissen entsprechen.

a) *Der geometrische Aufbau*

Holz besitzt einen skelettartigen Aufbau, dessen deutlich erkennbare Teile die Fasern sind. Die Anordnung dieser Fasern im noch unzerlegten Baumstamm ist (im Idealfall) einem Stab-Bündel vergleichbar, bei dem die Stäbe zueinander parallel stehen und koaxiale Zylinder, die Jahresringe, bilden. Die dann aus einem Stamm hergestellten Balken, Bretter usw. stellen entsprechende Ausschnitte oder Abschnitte einer solchen Schar von Zylindern dar.

Bei diesem Skelett herrscht im großen wie im kleinen die Ausbildung einer Dimension gegenüber den beiden andern vor. Aufbauteile höherer Ordnung heißen Fibrillen; sie können für die derzeitigen praktischen Bedürfnisse als Stoffteile (im technischen Sinne) des Holzes angesehen werden. Aufbauteile noch höherer Ordnung nennt man Mizellen oder Kristallite.

Ausschlaggebend für die Festigkeits-Eigenschaften und die Verformung ist das Verhältnis der Zell-Wand zum Hohlraum (Lumen); beim Laubholz kommen hinzu Zahl und Verteilung der Gefäße im Verhältnis zu den aufbauenden Holzfasern, beim Nadelholz in Sonderheit der Anteil des Spätholzes an der Fläche des Jahresringes.

Das Studium der weiteren, bis zu den Mizellen durchgeführten Unterteilung des Holzes brachte neuere Forscher zu der Auffassung, daß die Zug-Festigkeit gesetzmäßig von der Gleichrichtung der Mizelle abhänge. Da, je dichter das Holz, desto besser auch die Gleichrichtung der Mizelle sei, so sei schweres Holz schon aus diesem Grunde fester als leichtes.

Als äußerst fruchtbar für die Deutung des Verhaltens in den 3 elastischen Hauptrichtungen erwies sich die Hypothese vom kristallinen Aufbau des Holzes.

Eingehender studiert ist bislang der Einfluß der Körper-Länge auf die Verformung in Einzelfällen, z. B. bei Teil-Belastung einer Schwelle. Bei größeren Stücken, bei denen der regelmäßige Aufbau durch Äste und Fehlstellen, die wie Kerbe wirken, unterbrochen ist, läßt sich die Abhängigkeit der Verformung von den Abmessungen eines Holzkörpers nicht so einfach ermitteln.

Bei Brettern begegnet man dem Nachteil des Vorherrschens einer Dimension im geometrischen Aufbau des Holzes, indem man Sperrholz, also einen „Skelett-Körper" herstellt, bei dem in mehreren Schichten die Anordnung der Fasern kreuzweise wechselt (Bilder B VIII 1—5).

b) *Der Stoff* (im technischen Sinne)

Die chemische Zusammensetzung ist bei allen Holzarten praktisch die gleiche; daher ist der Begriff „Holz" seinem Stoff (im technischen Sinne) nach als eine Einheit aufzufassen.

Nadel-, Laubhölzer usw. unterscheiden sich in erster Linie durch die Verschiedenheit der einzelnen Fasern.

Bei den Fibrillen der verschiedenen Holzarten konnten bisher bezeichnende Unterschiede nicht mit Sicherheit festgestellt werden. Sieht man diese als Stoffteile im technischen Sinne an, wie das hier geschieht, so unterscheiden sich Nadel- und Laubhölzer usw. erst bei Berücksichtigung ihres geometrischen Aufbaues.

c) *Der Energiegehalt*

Der Einfluß der Temperatur auf Festigkeits-Eigenschaften und Verformung von Holzkörpern kann in den praktisch vorkommenden Gebrauchsgrenzen nur unbedeutend sein; wenigstens sind keine Fälle bekannt, in denen Holzkörper infolge ihrer Temperatur versagten. Als obere Grenze, bei der deutliche Schädigungen bei etwas längerer Einwirkung eintreten, werden 140° genannt.

Die Art der Formänderung von Holzkörpern hängt im hohen Maße vom Feuchtigkeitsgehalt ab, der mit der Luftfeuchtigkeit des umgebenden Raumes in ein Gleichgewicht zu treten bestrebt ist.

Die infolge von Feuchtigkeit entstehenden inneren Spannungen können, wenn die Feuchtigkeit ungleichmäßig über Stab-Länge und -Querschnitt verteilt ist, zu Schwindrissen führen.

d) Die Vorgeschichte

Standort, Bodenverhältnisse, Klima beeinflussen bei Hölzern, wie bei vielen Organismen, in hohem Maße die Festigkeits-Eigenschaften.

Die Jahreszeit, in der das Holz gefällt wird, scheint nicht von Belang zu sein; doch muß das Holz dann bis zur Verwendung und auch nach dem Einbau vorsorglich behandelt werden.

Es muß vornehmlich durch sachgemäße Lagerung vor Nässe und vor häufigem Wechsel der Feuchtigkeit bewahrt, auch gegen holzzerstörende Mikro-Organismen geschützt werden.

Allerdings ist eine Verbesserung der Festigkeits-Eigenschaften durch Lagerung bisher noch nicht recht nachgewiesen.

Durch Zuführung von Feuchtigkeit läßt sich das Verformungs-Vermögen (Biegbarkeit) von Holzkörpern steigern.

3. Die Beanspruchungen

Wie die Verwendungszwecke, so sind auch Beanspruchungen der Holzkörper sehr verschieden. Für Holz als Baustoff kommen vornehmlich Scher-, Zug-, Druck- (Knick-), Krümmungs- und Verdreh-Beanspruchungen in Frage. Im allgemeinen erreicht die Zug-Festigkeit die höchsten, die Druck-Festigkeit die kleinsten Werte; dazwischen liegen naturgemäß die Werte der Biege-Festigkeit.

Alle Festigkeits-Eigenschaften hängen von den Zeit-Umständen der Beanspruchung ab. Die Festigkeit nimmt zu mit wachsender Belastungs-Geschwindigkeit, die daher für alle Versuchsarten vorgeschrieben ist. Entsprechend ist der Rückgang der Verformung ebenfalls zeitbedingt.

Der geometrische Aufbau des Holz-Körpers

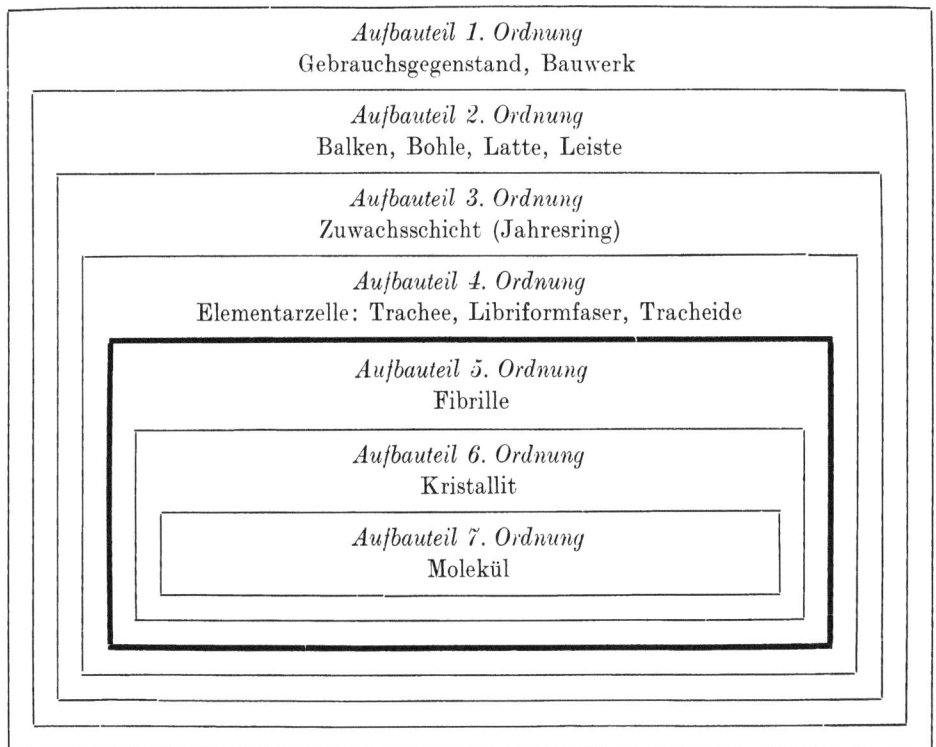

Die Stoffteile (im technischen Sinne) sind stark umrahmt. Vgl. Abhandlung A I, Abschn. 3 „Begriffsbestimmungen", Ziff. 6.

Bildgruppe B VIII
Holz-Körper

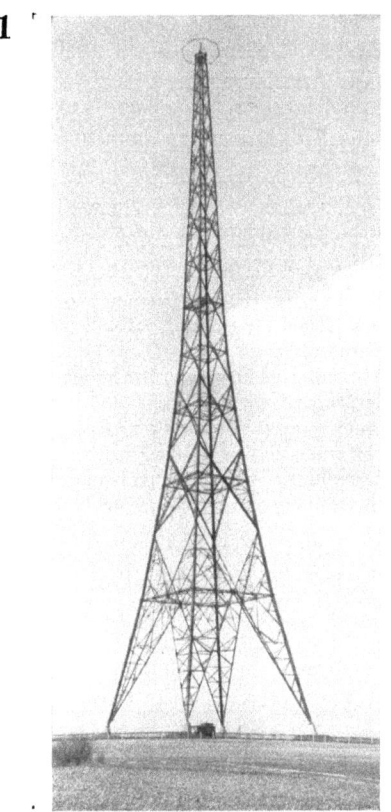

Aufn.: E. Traub (13) S. 491 Abb. 19

Aufbauteil 1. Ordnung: Bauwerk
Funkturm Mühlacker

Aufn.: E. Traub (13) S. 491 Abb. 20

Aufbauteil 1. Ordnung: Bauwerk

Aufbauteil 2. Ordnung: Balken

Funkturm Mühlacker
Durchblick von unten

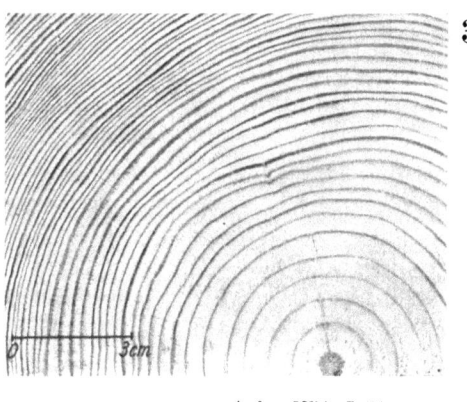

Aufn.: MPA, I. Stamer

Aufbauteil 2. Ordnung: Balken

Aufbauteil 3. Ordnung: Jahresring

Kiefer

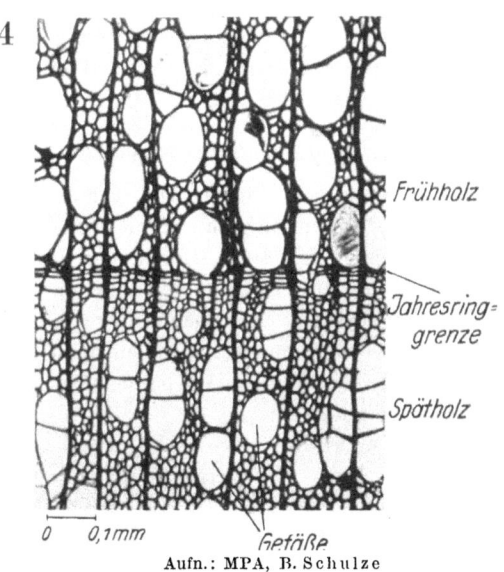

Aufn.: MPA, B. Schulze

Aufbauteil 4. Ordnung: Elementarzelle
Pappel (Querschnitt)

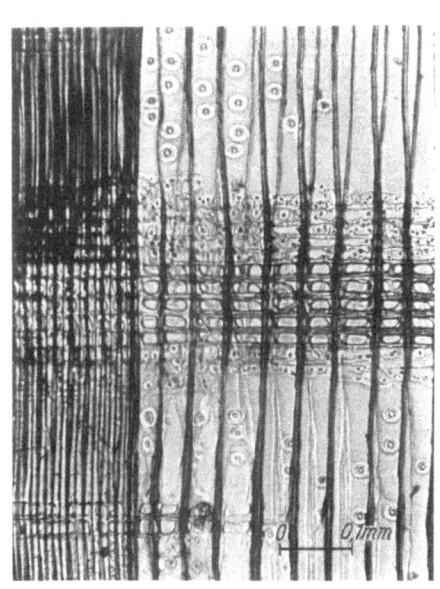

Aufn.: MPA, G. Dalén

Aufbauteil 4. Ordnung: Elementarzelle
Kiefer (radialer Längsschnitt)

4. Gespinst- und Gewebe-Körper (Textilien)
Bildgruppe B IX

1. Der Begriff: „Gespinst- und Gewebe-Körper (Textilien)"

Unter dem Begriff „Textilien" sind sämtliche natürlichen und künstlichen Faserstoffe sowie diejenigen Erzeugnisse zusammengefaßt, welche mit Hilfe von im wesentlichen mechanischen Prozessen durch Vereinigung von Fasern oder Fäden zu Gespinsten und Geweben hergestellt werden. Die Textilien sind mit Ausnahme von Asbest- und Glasfasern durchweg organische Stoffe.

Ihre Haupt-Verwendungszwecke — für Kleidung, Wohnung, Fahrzeuge — sind bekannt. Technischen Zwecken dienen z. B. Gurte, Segel, Seile, Zeltplanen, Filtertücher.

2. Die Individualität

a) Der geometrische Aufbau

α) Die Körper-Begrenzung

Bezeichnende Beispiele für die Abhängigkeit der Verformung von den Ausmaßen des Körpers stellen die Zusammenhänge zwischen Festigkeit und Dehnung und Probegröße beim Zug- oder Berstversuch dar.

Bei Geweben spielen Einspann-Breite und -Länge oder -Fläche eine Rolle, bei Garnen und Fasern die Einspann-Länge, außerdem in allen Fällen die Größe und Form des Querschnitts der Probe.

β) Die Aufbauteile

Bei Textilien wird das Verhalten des ganzen Körpers bei der Verformung wesentlich durch Art und Anordnung der Teile bestimmt, aus denen sie von Natur aus aufgebaut oder durch mechanische Verfahren entstanden sind.

Das nächstliegende Beispiel ist die Zusammensetzung eines Gewebes aus Kett- und Schuß-Fäden, Bild 1, oder einer Wirkware aus einem Garn, Bild 2. Zug-Festigkeit, Bruch-Dehnung, Zusammendrückbarkeit, Steifigkeit, Biege-Elastizität usw. hängen in hohem Grade von der verwendeten Garnart und vom technischen Aufbau des Gewebes oder Gewirkes ab. In vielen Fällen ist dabei die geometrische Anordnung der Aufbauteile, also vor allem die „Bindung", von größerer Bedeutung als die Garnart (Art des verwendeten Spinnstoffes). Die Zug-Festigkeit des Gewebes kann bei gleicher Garnart stark von der Bindung abhängen; sie ist also nicht aus der Garn-Festigkeit errechenbar.

Das bedeutet unter dem Gesichtspunkt der Ganzheits-Betrachtung, daß hier aus der Summe der Einzelteile nicht auf das Wesen des Ganzen geschlossen werden kann.

Auch die Kerbwirkung hängt in starkem Maße vom Aufbau des Gewebes aus Kett- und Schußfäden ab. Der Widerstand gegen Einreißen und Weiterreißen ist in Richtung eines der Faden-Systeme erheblich geringer als in jeder anderen. Einer Nutzanwendung dieser Eigenschaft begegnet man im täglichen Leben beim Zertrennen von Stoffen.

Die nächste Stufe der Unterteilung eines textilen Gebildes in Aufbauteile stellen die Einzelfasern dar, Bild 3. Wiederum spielen die Faserart — ob Wolle, Baumwolle usw. — und die Anordnung der Fasern eine Rolle. So sind z. B. die Länge der Fasern, ihre Zahl im Querschnitt und die den Fasern erteilte Drehung von größtem Einfluß auf die Zug-Festigkeit eines Garns.

So wie das Garn aus Einzelfasern zusammengesetzt ist, sind tierische, pflanzliche und synthetische Fasern aus Fibrillen, Bild 4, und diese aus Mizellen (Kristalliten) aufgebaut, deren Anordnung zueinander die Zug-Festigkeits- und Dehnungs-Eigenschaften der Fasern bedingt.

Als Beispiel sei im einzelnen auf die verschiedene Orientierung der Mizellen von pflanzlichen Fasern hingewiesen. Baumwolle besitzt eine ausgeprägte Spiral-Struktur, während bei Ramie (Chinagras) eine parallele Anordnung vorhanden ist. Das Analogon dazu findet sich, und zwar in noch deutlicherer Ausprägung, bei den Kunstseiden. Streck-Spinnseiden mit guter Ausrichtung der Mizellen haben große Zug-Festigkeit und kleine Bruch-Dehnung, während die normalen Kunstseiden geringe Zug-Festigkeit bei höherer Bruch-Dehnung besitzen.

Setzt man die Unterteilung der Textilien über die Mizellen hinaus bis zu den Kettenmolekülen fort, so gelangt man zu einer Erklärung des zug-elastischen Verhaltens der Fasern auf Grund ihres Molekül-Baues.

Das Hauptergebnis dieser Untersuchungen ist der grundsätzliche Unterschied zwischen tierischen und pflanzlichen Fasern. Bei der Wolle ist das Kettenmolekül gefaltet, Bild 5 A, und ist daher in hohem Maße zug-elastisch und dehnbar, Bild 5 B, während das Zellulose-Molekül gestreckt ist, Bild 5 C, und bei einer Verformung der Zellulose-Faser seine Länge beibehält.

Ähnlich wie die tierischen Fasern (Wolle) besitzen auch Muskel und Kautschuk ein in sich stark dehnbares Molekül und verhalten sich beim Dehnen gleich, während die pflanzlichen Fasern eher Metalldrähten entsprechen.

So erklärt sich die Gleichartigkeit der Verformungs-Vorgänge von stofflich zunächst scheinbar sehr unterschiedlichen Körpern (Wolle - Kautschuk - Muskel; Zellulose - Metalldrähte) in einfacher Weise, wenn man eine genügend weitreichende Unterteilung in Unter-Individuen vornimmt.

b) Der Stoff (im technischen Sinne)

Nach der Definition des „Stoffes im technischen Sinne" ist die Stoff-Bezeichnung und damit die Festlegung der Stoffart abhängig davon, wieweit die Unterteilung des Körpers in die Aufbauteile vorgenommen wird. Bei Textilien erstreckt man sie in der Hauptsache bis zu drei verschiedenen Stufen, indem man bei den fertigen Geweben oder Wirkwaren, bei den Garnen oder bei den Fasern haltmacht.

So unterscheidet man:

Stoffarten: Webwaren, Wirkwaren, dann Tuche, Wäschestoffe usw.,

Garnarten: Kett-, Schuß-, Krepongarn usw.,

Faserarten: Wolle, Baumwolle, Kunstseide usw..

Vielfach kommen mehrere dieser Unterteilungsarten zugleich zur Anwendung, z. B. Baumwoll-Kettgarn, Kammgarn-Gewebe, Woll-Musseline.

All diesen Stoffarten (im technischen Sinne) ist ein bestimmter Gang der Verformung zugeordnet.

c) Der Energiegehalt

Über den Einfluß der Temperatur auf den Verformungs-Vorgang von Textilien gibt es noch wenig Erfahrungen. Man kennt im wesentlichen nur die bei erhöhter Temperatur größere Plastizität der Azetat-Kunstseide und die Veränderung des zug-elastischen Verhaltens von regenerierter Zellulose bei starker Abkühlung (Untersuchungen bei der Temperatur der Flüssigen Luft).

Erheblich umfangreichere Beobachtungen liegen vor über die Folgen der gleichzeitigen Einwirkung hoher Temperatur und Feuchtigkeit. Sämtliche Textilien quellen, wobei mit steigendem Wassergehalt ihre Plastizität zunimmt, und zwar in ganz besonderem Maße bei gleichzeitiger Erhöhung der Temperatur. Das Plätten ist die praktische Nutzanwendung dieser Erfahrung. Am ausgeprägtesten ist der Einfluß von Temperatur und Feuchtigkeit vielleicht bei Wolle; auch das Filzen der Wolle gehört hierher.

d) Die Vorgeschichte

Die Zeit-Abhängigkeit der Verformung ist bei Textilien vor allem von den Zug- und Elastizitäts-Versuchen her bekannt. Die Zug-Festigkeit nimmt mit wachsender Zerreiß-Geschwindigkeit zu, und zwar um so mehr, je größer die Innere Reibung des Materials ist.

Bei Zug-Elastizitäts-Versuchen äußert sich die von der Inneren Reibung abhängige Fließ-Geschwindigkeit in dem Sinne, daß bei länger dauernder Belastung der unelastische Anteil der Dehnung zunimmt. Dehnt man eine Faser um einen bestimmten Betrag, wobei ihre Länge konstant gehalten wird, so verringert sich im Lauf der Zeit — ebenfalls wieder als Folge des plastischen Fließens — die dafür notwendige Spannung. Dieser Umstand ist z. B. für die Lagerung der Fasern zwischen einzelnen Arbeitsprozessen grundlegend von Bedeutung.

Eine Vorbelastung vor dem eigentlichen Zug-Versuch (Vorspannung) beeinflußt die anschließende Verformung.

Die „Erholung" eines textilen Gebildes nach vorangegangener Beanspruchung ist ebenfalls wesentlich zeitbedingt; die Angleichung an den ursprünglichen Zustand wird um so besser erreicht, je länger die Erholung dauert.

Schließlich spielt der Zeitfaktor eine außerordentlich große Rolle bei den klimatischen Einflüssen (Abschnitt 3), die sich naturgemäß desto stärker geltend machen, je länger die Einwirkung dauert.

3. Die Beanspruchungen

Die wichtigsten Prüfungen, die an Textilien vorzunehmen sind, erstrecken sich auf die Feststellung ihres Gebrauchswertes. Bei der außerordentlichen Mannigfaltigkeit ihrer Verwendungszwecke ist es nur möglich, zu einer vernünftigen Prüfung zu gelangen, wenn die Einflüsse der Umwelt in Rücksicht gezogen werden.

So unterliegen z. B. Anzugstoffe und Tuche Scheuer-Beanspruchungen und sind daher in dieser Hinsicht zu bewerten; Strümpfe erfahren dazu vor allem eine Beanspruchung auf Ausbeulung und sind auf ihr berst-elastisches Verhalten zu untersuchen. Technische Gewebe haben in vielen Fällen Zug-Beanspruchungen auszuhalten; Wäschestoffe werden im nassen Zustand (bei der Wäsche usw.) am stärksten beansprucht.

In jedem Fall ergibt erst die Zusammenfassung von Körper und Umwelt das Wesen der betreffenden Verformung. Dabei ist es nur selten möglich, bei einer Prüfung des Gebrauchswertes im Laboratorium die wirklichen Einflüsse der Umwelt genau zu erfassen und nachzuahmen, da diese in ihrer Gesamtheit aus sehr vielen verschiedenen, mehr oder minder eindringlichen Einwirkungen zusammengesetzt sind; es lassen sich immer nur die hauptsächlichsten Einflüsse untersuchen.

So müssen insbesondre klimatische Einwirkungen berücksichtigt werden. Sichtbare und unsichtbare Strahlung (Licht), Wärme, Feuchtigkeit, chemische Agenzien beeinflussen das Verhalten des Körpers bei späterer Verformung. Eine Gebrauchswert-Prüfung darf also nicht auf neue Textilien beschränkt bleiben, sondern muß auch nach Einwirkung einer oder mehrerer der klimatischen Bedingungen wiederholt werden. Wesentlich ist außerdem wieder eine genaue Abgrenzung, die, soweit es überhaupt möglich ist, den praktischen Verhältnissen entsprechen muß. Im einen Fall wird man der Verformung eine Bewetterung im normalen mitteleuropäischen Klima vorangehen lassen, in einem anderen Fall eine solche unter tropischen Bedingungen, in einem weiteren wird vorher eine Ultraviolett-Bestrahlung oder eine Beregnung oder Durchnetzung (Naß-Festigkeit) notwendig sein.

Der geometrische Aufbau des Textil-Körpers

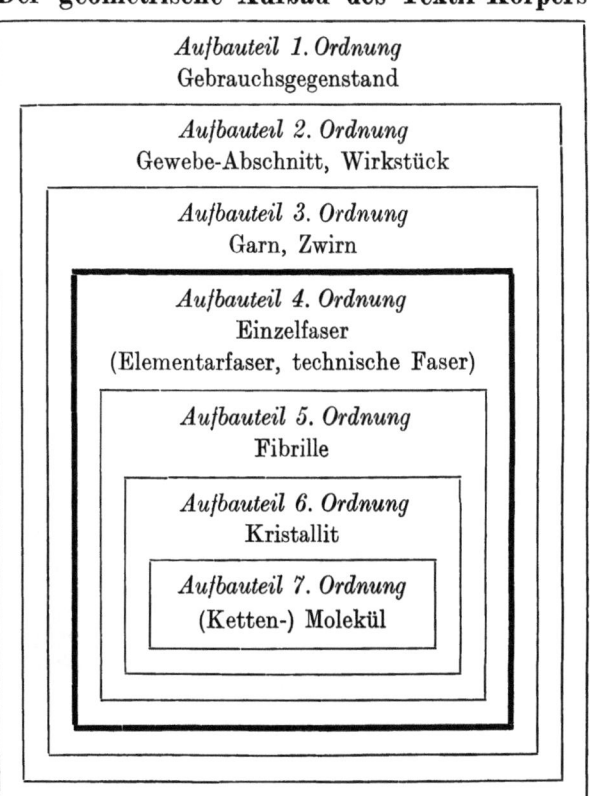

Die Stoffteile (im technischen Sinne) sind stark umrahmt. Vgl. Abhandlung A I, Abschn. 3 „Begriffsbestimmungen", Ziff. 6.

Bildgruppe B IX
Gespinst- und Gewebe-Körper (Textilien)

Aufn.: Bohme (2a)

Aufbauteil 2. Ordnung: Gewebe-Abschnitt
Aufbauteil 3. Ordnung: (Kett- und Schuß-) Garn

Aufn.: Bohme (2a)

Aufbauteil 2. Ordnung: Wirkstück
Aufbauteil 3. Ordnung: Garn

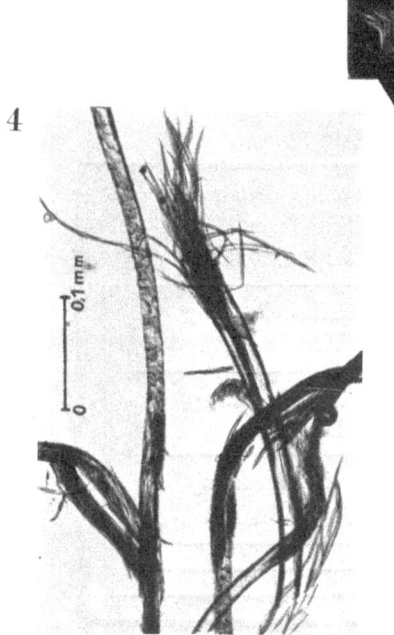

Aufn.: MPA

Aufbauteil 4. Ordnung: Einzelfaser
Aufbauteil 5. Ordnung: Fibrille

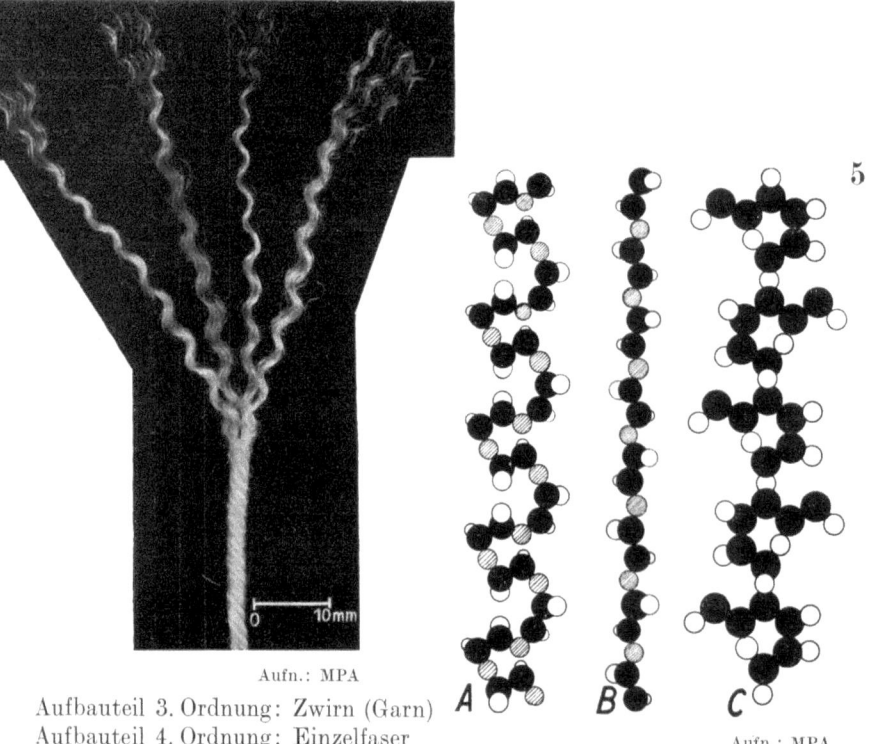

Aufn.: MPA

Aufbauteil 3. Ordnung: Zwirn (Garn)
Aufbauteil 4. Ordnung: Einzelfaser

Aufn.: MPA

Aufbauteil 7. Ordnung: (Ketten-) Molekül
(Molekül-Modelle: *A* Wolle, ungedehnt;
B Wolle, gedehnt; *C* Native Zellulose)

C. Elastische Formänderungen als Normalfall, Bleibende Formänderungen als Grenzfall;

erläutert am Beispiel des Maschinenbaus

Von Ernst Lehr

Inhalt

I. Dauerbruch, Hysteresis und „Trainier"-Wirkung als Folgen Bleibender Formänderungen
II. Die Arbeitsverfahren zur praktischen Lösung des Festigkeits-Problems
    1. Die Ermittlung der Spannungsverteilung durch statische Dehnungsmessungen
    2. Die Ermittlung der im Betriebszustand tatsächlich wirkenden Kräfte und Beanspruchungen
    3. Die Dauerfestigkeit des Werkstoffs und ihre Abhängigkeit von Form und Größe des Werkstücks
III. Ausblick

Aus der Systematik Bleibender Formänderungen — die die außerhalb des elastischen Bereichs liegenden Beanspruchungen und Formänderungen behandelt — geht hervor, daß die Größe der betreffenden Formänderungen bei einem technisch zu verwendenden Körper sorgfältig in Rechnung gestellt werden muß.

Die fruchtbare wechselseitige Ergänzung, die die Herstellung von Beziehungen zwischen Ermittlungen nach der Elastizitätslehre und nach der Systematik Bleibender Formänderungen einander bieten, ist in der Abhandlung A I am Beispiel der Verformungen, Bildgruppe A III, gezeigt, die anläßlich einer Lücke entstehen.

Nun gibt es auch Gebiete der Technik, auf denen diese Berücksichtigung der Bleibenden Formänderung eine Vermeidung derselben bedeutet, wo also jede Überschreitung der Elastizitätsgrenze umgangen werden muß. Als Beispiel hierfür seien die wesentlichsten Gesichtspunkte behandelt, die heute für das Festigkeits-Problem im Maschinenbau maßgebend sind.

I. Dauerbruch, Hysteresis und „Trainier"-Wirkung als Folgen Bleibender Formänderungen

Der Maschinenbau hat es mit Konstruktionsteilen zu tun, die so bemessen sein müssen, daß Bleibende Formänderungen auch bei beliebig langer Betriebsdauer und bei gelegentlichen Überlastungen ausgeschlossen sind. Denn würden Bleibende Formänderungen auftreten, dann könnten die vorgeschriebenen Maße nicht erhalten bleiben, und das genaue Zusammenarbeiten der Maschinenteile, das von ihrer genauen Maßhaltigkeit abhängt, wäre unmöglich. Die Maschine würde dann nicht mehr ordnungsgemäß arbeiten und in vielen Fällen nach kurzer Zeit unbrauchbar oder gar zerstört werden.

Aber in einem anderen Zusammenhang ist das plastische Formänderungsvermögen der Werkstoffe für den Maschinenbau von großer Bedeutung, obwohl es hierbei zunächst nicht sinnfällig in Erscheinung tritt. Die im Maschinenbau auftretenden Brüche sind fast ausnahmslos Dauerbrüche, die durch wechselnde Beanspruchungen hervorgerufen sind. Ein Dauerbruch spielt sich aber an der Grenze zwischen den Gebieten der elastischen und der plastischen Formänderung ab.

Bisher ist es nicht gelungen, klarzustellen, wie die bei den Beanspruchungen an der Dauerfestigkeits-Grenze auftretenden plastischen Formänderungsvorgänge beschaffen sind.

Wir wissen, daß diese Formänderungen sehr klein sein müssen, da sie makroskopisch nicht bemerkbar sind. Wir wissen, daß der Dauerbruch nicht den Korngrenzen folgt, sondern durch die Kristallite hindurchgeht. Wir können die Reibungsarbeit messen, die durch diese kleinen plastischen Formänderungen, die sich im Rhythmus der Schwingungs-Beanspruchung vor- und rückläufig vollziehen, hervorgebracht wird. Es ist festgestellt, daß die verschiedenen Werkstoffe an der Dauerfestigkeitsgrenze durch diese plastischen Verformungen ganz verschieden große und teilweise sehr beträchtliche Arbeitsmengen je Schwingung und Raumeinheit dauernd aufzunehmen vermögen, ohne daß der Bruch eintritt.

Es ist jedoch völlig ungeklärt, wieso gewisse Metalle diese unter Umständen recht erheblichen „Hysteresis-

Arbeiten" auf die Dauer ertragen können, welche Vorgänge es ermöglichen, daß das Metall die durch die plastischen Wechselverformungen entstehenden „Wunden" in dem Gefüge sozusagen laufend selbsttätig ausheilt, ja, daß es durch diese Vorgänge seine Widerstandsfähigkeit gegen Dauerbruch erhöht, daß es — wie wir zu sagen pflegen — „hochtrainiert" wird.

Für den Metallurgen dürfte es von großer Bedeutung sein, daß in diese Zusammenhänge Licht gebracht wird; denn vielleicht wird auf diesem Weg ein Fingerzeig dafür gefunden, welche Maßnahmen bei der „Züchtung" von Werkstoffen hoher Dauerfestigkeit zu ergreifen sind. Vorerst müssen wir uns mit der Feststellung der Eigenschaften der gegebenen Werkstoffsorten begnügen.

Dabei kommt es praktisch darauf an, Konstruktionsteile zu entwickeln, welche die verlangte Dauer-Tragfähigkeit mit einem Mindestgewicht erreichen. Der Weg zu diesem Ziel bringt eine umfangreiche Kleinarbeit mit sich und erfordert Arbeiten auf drei verschiedenen Gebieten, die nachstehend kurz skizziert werden sollen.

II. Die Arbeitsverfahren zur praktischen Lösung des Festigkeits-Problems

1. *Die Ermittlung der Spannungsverteilung durch statische Dehnungsmessungen* [1]

Bildgruppe C I

Das Ziel ist die Entwicklung von Konstruktionsteilen, bei denen alle „Spannungsspitzen" so weit als irgend möglich beseitigt sind, so daß die Beanspruchungen durchweg nahezu die gleiche Größe besitzen. Die Durchführung dieser Entwicklungsarbeiten erfordert die Ausmessung des Spannungszustandes auf der Oberfläche des Konstruktionsteils in einigen hundert Punkten.

Diese ist mit besonderer Sorgfalt in den Querschnittsübergängen z. B. in Hohlkehlen, Winkelecken usw. durchzuführen, da hier die höchsten Spannungen auftreten. An diesen Stellen müssen elektrische Dehnungsmeßgeräte mit 1 und 2 mm Meßstrecke und 100000 ... 500000 facher Vergrößerung benutzt werden. Die Geräte und Meßverfahren für Dehnungsmessungen sind heute so weit entwickelt, daß auch die verwickeltsten Maschinenteile damit untersucht werden können. Die richtige Abänderung der Formen auf Grund der Messungen erfordert viel Erfahrung und ein feines „Fingerspitzengefühl".

Es ist wiederholt gelungen, durch scheinbar geringfügige Änderungen der Form die Spannungsspitzen auf die Hälfte oder sogar ein Drittel des ursprünglichen Wertes herabzusetzen, ohne das Gewicht des Bauteils wesentlich zu erhöhen.

Diese Arbeiten sind zwar recht mühsam, bilden aber die Voraussetzung für die planmäßige Entwicklung richtig geformter Maschinenteile höchster Dauer-Tragfähigkeit. Der hier eingeschlagene Weg wird in Zukunft eine sehr wesentliche Rolle bei der Erziehung des Konstrukteurnachwuchses spielen.

Die Vorgänge, auf denen die genannten Messungs-Ergebnisse beruhen, sind rein elastische Formänderungen, die sich bei ruhender Belastung einstellen, wobei darauf Bedacht genommen wird, daß die Spannungen an keiner Stelle die Streckgrenze des Werkstoffs erreichen.

Diese Untersuchungen verwirklichen sozusagen die Forderungen der Elastizitätstheorie in der höchstmöglichen Weise.

Sie gehen von dem Gesichtspunkt aus, daß zunächst einmal die Form des Konstruktionsteils so günstig wie möglich gestaltet werden soll, bevor man die Tatsache ausnutzt, daß gerade die Werkstoffe geringerer Festigkeit die Eigenschaft besitzen, auf die Spannungsspitzen nicht mit einer entsprechenden Erniedrigung der Dauerhaltbarkeit zu reagieren, so daß man bei diesen Werkstoffen eine mangelhafte Formgebung auf Kosten der „Gutartigkeit" des Werkstoffs solchen Mängeln gegenüber in Kauf nehmen kann. Derartige Nachlässigkeiten rächen sich aber bitter, wenn sehr hochwertige Werkstoffe verwendet werden müssen, die auf diese Mängel mit einer entsprechenden Erniedrigung der Dauerhaltbarkeit antworten. Sie können ihre hochwertigen Eigenschaften erst entfalten, wenn die Form möglichst günstig gestaltet ist. Dieser Sachverhalt liegt aber im Leichtbau vor. Gefühlsmäßig hat man dies schon früher angestrebt. Es blieb aber unserer Zeit vorbehalten, die Meßtechnik zu entwickeln, die uns überhaupt erst in den Stand setzt, alle Einzelheiten zielsicher zu durchdringen und das hier vorliegende Problem wirklich zu lösen. Wo eine Beseitigung der Spannungsspitzen nicht möglich ist, geben diese Messungen eindeutigen Aufschluß über den Spannungsverlauf und die Höhe der Spannungsspitzen bei den verschiedensten Formen. Sie liefern also zuverlässige Werte für die Formziffer a_k bei allen möglichen Formelementen.

Somit ist grundsätzlich heute ein Ziel erreicht oder doch erreichbar gemacht, das die Elastizitätstheorie längst vor sich sah, aber durch Rechnung nicht verwirklichen konnte. Die endgültige spannungstechnische Beherrschung der „Kleinformgebung" ist heute nur noch eine Frage der Organisation der riesigen Meßarbeit, die noch zu leisten ist. — Diese Untersuchungen werden stets ihren Wert behalten. Auch wären sie ein Endziel, wenn der Werkstoff sich beim Dauerbruch rein elastisch verhalten würde. Die Tatsache, daß er dies nicht tut, sondern kleinste plastische Formänderungen hinzutreten, die für jeden Werkstoff andersartig sind, macht die Beherrschung des Dauerfestigkeits-Problems von der Werkstoffseite her so schwierig und erfordert die individuelle Behandlung jedes Falles. Bevor wir hierauf eingehen, muß aber noch ein zweites Problem besprochen werden.

---

[1] E. Lehr: Spannungsverteilung in Konstruktionselementen. VDI-Verlag Berlin 1934 und das dort angegebene Schrifttum. — F. Rötscher: Beiträge zur Ermittlung der Spannungsverteilung durch Dehnungsmessungen. — W. Kuntze: Einfluß ungleichförmig verteilter Spannungen auf die Festigkeit von Werkstoffen. Bericht über die Tagung des Fachausschusses für Maschinenelemente in Aachen 1935; VDI-Verlag 1936. — E. Lehr u. H. Cranacher: Dehnungsmesser mit sehr kleiner Meßstrecke und Anzeige mittels Photozelle. Forschg. Ing.-Wes. Bd. 6 (1936) H. 2 S. 66. — O. Dietrich u. E. Lehr: Das Dehnungslinienverfahren. Z. VDI. Bd. 76 (1932) S. 973. — H. Neuber: Kerbspannungslehre. Berlin: Julius Springer 1937.

das an sich so alt ist wie der wissenschaftlich betriebene Maschinenbau, das aber ebenfalls erst in unseren Tagen gelöst wurde.

2. Die Ermittlung der im Betriebszustand tatsächlich wirkenden Kräfte und Beanspruchungen [2]
Bildgruppe C II

Jede Festigkeitsberechnung ist illusorisch, wenn man nicht weiß, welche Kräfte der Konstruktionsteil im Betrieb tatsächlich aufzunehmen hat. Durch Rechnung kann diese Aufgabe nur zum Teil gelöst werden. Es ist z. B. nicht möglich, durch Rechnung anzugeben, wie groß die Kräfte sind, die in der Steuerung eines Kraftwagens wirken, und die der Lenkhebel aufzunehmen hat. Ebensowenig gelingt es, auch nur angenähert die Beanspruchungen anzugeben, die in der Achse eines D-Zugwagens entstehen, während er mit hoher Geschwindigkeit eine Weiche durchfährt.

Neuerdings [3] ist es gelungen, dynamische Dehnungsmeßgeräte zu entwickeln, die nach dem induktiven Prinzip bei einer Trägerfrequenz von 10000 Hz arbeiten, und mit ihrer Hilfe die Beanspruchungen zu messen, die in rasch bewegten Maschinenteilen während des Betriebes auftreten.

Als Beispiel sei auf die Messungen hingewiesen, die mit diesen Geräten an der Pleuelstange einer Lokomotive während betriebsmäßiger Fahrt auf freier Strecke durchgeführt worden sind. Diese Messungen werden an einer Stelle des Konstruktionsteils durchgeführt (z. B. Pleuelschaft), die eine gleichmäßige Spannungsverteilung aufweist. Ist vorher die Spannungsverteilung des Konstruktionsteils ausgemessen worden, so kann aus den dynamischen Dehnungsmessungen auf den gesamten Spannungszustand geschlossen werden. Man kennt dann die in dem Konstruktionsteil während des Betriebes an einer beliebigen Stelle auftretenden Beanspruchungen nach ihrer Größe und ihrem zeitlichen Verlauf.

Es fehlt zur Ermittlung der wirklichen Tragfähigkeit des Werkstücks und damit der wirklichen Sicherheit aber noch die Kenntnis des Verhaltens, das der Werkstoff zeigt, wenn er zu dem betreffenden Werkstück verarbeitet ist. Mit dieser Frage beschäftigt sich die dritte und größte Problemgruppe.

3. Die Dauerfestigkeit des Werkstoffs und ihre Abhängigkeit von Form und Größe des Werkstücks [4]
Bildgruppe C III

Wenn sich der Werkstoff vollkommen elastisch verhielte, so müßte der Dauerbruch eintreten, sobald die Spannungen an den höchstbeanspruchten Stellen die Dauerfestigkeit erreichen. Umgekehrt müßte man dann auch aus dem Auftreten des Dauerbruchs auf die Höhe der Spannungen an den Stellen schließen können, wo die Durchführung von Dehnungsmessungen nicht möglich ist, wie z. B. an Nabensitzen.

Das wirkliche Verhalten sieht aber ganz anders aus und bringt eine Fülle von Erscheinungen, die uns manche Rätsel aufgeben. Es ist notwendig, durch planmäßige Versuchsreihen zunächst einmal genügend umfangreiches Tatsachenmaterial zu sammeln, bevor diese Beobachtungen mit Erfolg zu einer Lehre verknüpft werden können, die gestattet, genügend sichere Voraussagen in den noch unerforschten Gebieten zu machen.

Es seien nur einige besonders bemerkenswerte Tatsachen hervorgehoben.

a) Man sollte annehmen, daß die Wechselfestigkeit bei Biege-Beanspruchung und bei Zug-Druck-Beanspruchung gleich groß wäre. Dies ist nicht der Fall. Vielmehr liegt die Zug-Druck-Wechselfestigkeit bei Probestäben genau gleicher Form und Bearbeitung niedriger.

b) Untersucht man die Dauerfestigkeit von Stahlsorten verschieden hoher Zug-Festigkeit bei starker Kerbwirkung, z. B. bei einer Welle, die mit ganz scharfem Absatz auf einen Schaft vom halben Durchmesser der Stabköpfe abgesetzt ist, so stellt man fest, daß die Kerbwirkungszahl β_k rd. 2 ist bei einem Stahl von $\sigma_B = \sim 40$ kg/mm² und rd. 5 bei einem Stahl mit $\sigma_B = 160$ kg/mm².

c) Untersucht man Probestäbe verschiedener Größe, deren Formen einander genau geometrisch ähnlich sind, so zeigt sich, daß die nach den Regeln der Festigkeitslehre berechnete „Nenndauerfestigkeit" bei den großen Stäben bedeutend geringer ist als bei den kleinen Stäben. Diese Erscheinung zeigt sich nicht nur bei Stäben mit Kerbwirkung, sondern auch bei ganz glatt polierten Stäben einer idealen, also von allen Kerbwirkungen freien Form. Sie ist besonders ausgeprägt bei Verdrehungs-Beanspruchung.

d) Schließlich sei auf die starke Herabsetzung der Dauerfestigkeit hingewiesen, die durch geringfügige Oberflächen-Verletzungen und durch Korrosion bewirkt wird, und die bei besonders scharfer Einwirkung die Dauerfestigkeit aller Stahlsorten etwa auf den gleichen Wert herabwirft.

e) Die Dauerfestigkeit kann bei starker Kerbwirkung durch Drücken der Oberfläche im Kerbgrund wesentlich erhöht werden (vgl. die Versuche von O. Föppl u. A. Thum).

Alle diese Erscheinungen ließen sich nicht erklären, wenn der Werkstoff sich bis zum Dauerbruch rein elastisch verhielte. Sie können ihren Grund nur darin haben, daß sich der Dauerbruch-Vorgang an der Grenze zwischen dem Gebiet der elastischen und der plastischen Formänderung abspielt, wobei jeder Werkstoff sein besonderes Verhalten zeigt, das noch dazu gewissen Streuungen unterliegt, die in der Herstellung des Werkstoffs begründet sind.

Damit wird die Lösung des Problems aber zum Teil in das Gebiet der Häufigkeitsforschung verlagert. Die angebbaren Werte sind dann Mittelwerte eines bestimmten Streubereichs, die aufzufindenden Gesetzmäßigkeiten Wahrscheinlichkeitsgesetze.

---

[2] Über dynamische Dehnungsmeßgeräte für nicht umlaufende Bauteile vgl. u. a.: S. Berg: Dynamische Spannungsmessungen. Sonderheft „Prüfen u. Messen" S. 138; VDI-Verlag Berlin 1937. — F. Seewald: Die Aufgaben und Arbeiten der VL im Rahmen der technischen Forschung. Z. VDI Bd. 81 (1937) Nr. 17 S. 471.

[3] Über den dynamischen Dehnungsmesser von E. Lehr erscheint demnächst ein Aufsatz in der Z. VDI.: „Dynamische Dehnungsmessungen an der Pleuelstange einer Lokomotive während der Fahrt". Vgl. ferner E. Lehr: Beispiele neuzeitlicher Festigkeitsberechnung. Bericht über die Tagung des Fachausschusses für Maschinenelemente in Aachen 1935; VDI-Verlag Berlin 1936.

[4] Über die Dauerhaltbarkeit von Formelementen und ganzen Maschinenteilen vgl. u. a.: E. Lehr u. R. Mailänder: Einfluß von Hohlkehlen bei abgesetzten Wellen auf die Biegewechselfestigkeit. Z. VDI Bd. 79 (1935) S. 1005. — E. Lehr: Ermittlung der Dauerhaltbarkeit von Formelementen und ganzen Maschinenteilen. — W. Bautz: Konstruktion dauerbruchsicherer Maschinenteile. Beide im Sonderheft „Prüfen u. Messen". VDI-Verlag Berlin 1937.

Bei der praktischen Festigkeitsberechnung der Maschinenteile, wie sie der Konstrukteur zu lösen hat, treffen also zwei Welten zusammen:

Einerseits die Welt der idealisierten Gesetzmäßigkeiten, wie sie die Elastizitätstheorie verkörpert und wie sie auch weitgehend in die Wirklichkeit tritt, wenn die Spannungsverteilung an Konstruktionsteilen gemessen wird, bei denen die Beanspruchungen unterhalb der Elastizitätsgrenze bleiben.

Anderseits die Welt des Stofflichen, die keine strengen Gesetze, sondern nur mit Streuungen behaftete Wahrscheinlichkeitsgesetze kennt.

Die zu lösende Aufgabe besteht darin, diesen beiden Welten gerecht zu werden, die beide ihre volle Berechtigung haben.

Die eindeutigste Lösung ergibt sich zweifellos, wenn der fertige Maschinenteil einer Dauer-Beanspruchung unterworfen wird, bei der Größe und Verlauf der äußeren Kräfte so gewählt wird, wie sie durch dynamische Dehnungsmessungen an dem betreffenden Maschinenteil während des Betriebs festgestellt wurden. — Dieses Verfahren behandelt jeden Fall für sich. Die höhere Kunst wird aber darin bestehen, daß es gelingt, aus der Kenntnis der Dauerfestigkeit einer beschränkten Anzahl von Form-Elementen, die für die wichtigsten Werkstoff-Sorten festgelegt werden muß, die Dauer-Tragfähigkeit des Maschinenteils vorauszusagen. — Ein solches Verfahren ist aber ein Ziel, das auf Grund der heute vorliegenden, sehr lückenhaften Versuchsergebnisse noch keineswegs erreichbar ist. Es wird noch eine sehr umfangreiche und kostspielige Versuchsarbeit zu leisten sein, bis wir es erreicht haben.

III. Ausblick

Wer diese Zusammenhänge kennengelernt hat, der wird zwar anerkennen, daß die Elastizitätstheorie dort sehr gute Dienste geleistet hat und auch heute noch leistet, wo sie am Platze war; doch darf man von ihr dort keine Lösungen erwarten, wo die Voraussetzungen, auf denen sie aufbaut, nicht mehr gelten. Man muß vielmehr einsehen, daß die Elastizitätstheorie allein die dynamischen Festigkeits-Probleme keineswegs zu meistern vermag, sondern daß hier umfangreiche Versuche und die entsprechende — bereits hochentwickelte — Meßtechnik zur Beherrschung des wirklichen Werkstoff-Verhaltens noch hinzutreten müssen.

Die Grundlage allen technischen Könnens ist und bleibt die sorgfältige quantitative Beobachtung der Vorgänge im Stoff; sie setzt eine hochentwickelte Meßtechnik voraus. Die Aufstellung von Berechnungen verlangt, daß aus dem Beobachten Gesetzmäßigkeiten abstrahiert werden, die eine Verallgemeinerung und gedankliche Weiterverarbeitung gestatten. Man muß aber stets dabei bleiben, zu prüfen, wieweit diese aus einem beschränkten Tatsachen-Material abgeleiteten Gesetze der Wirklichkeit entsprechen, und man muß darauf gefaßt sein, daß sie bei neuen Aufgaben einer Ergänzung und Berichtigung bedürfen.

Die Wirklichkeit ist nun einmal so vielseitig und verwickelt, daß kein Gedanken-Schema sie vollständig zu erfassen vermag.

Bildgruppe C I
Statische Dehnungsmessungen zur Ermittlung der Spannungsverteilung in Maschinenteilen

Aufbau des Feindehnungsmessers

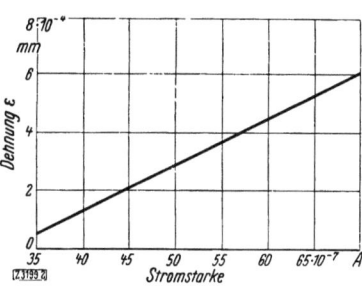

a Gestell, *b* feste Spitze, *c* bewegliche Spitze, *d* Rähmchen, *e* Stoßband, *f* Anzeigehebel, *g* Steuerfahne, *h* feste Fahne mit Blende, *i* Lampe, *k* Kondensor, *l* Sperrschicht-Photozelle, *m* Gehäuse für Optik

E. Lehr (7a) S. 842
Bild 4 u. 5

Eichkurve des Feindehnungsmessers

Heizstrom der Lampe 0,17 A. Bei dem Meßbereich des verwendeten Strommessers von $7 \cdot 10^{-6}$ A entspricht ein Teilstrich einer Dehnung
$$\varepsilon = 0{,}1635 \cdot 10^{-4} \text{ mm}$$

Elektrischer Feindehnungsmesser von E. Lehr

Aufn.: MPA, E. Lehr

Elektrischer Schubmesser von E. Lehr
Der Apparat arbeitet nach einem ähnlichen Prinzip wie der elektrische Feindehnungsmesser Bild 1

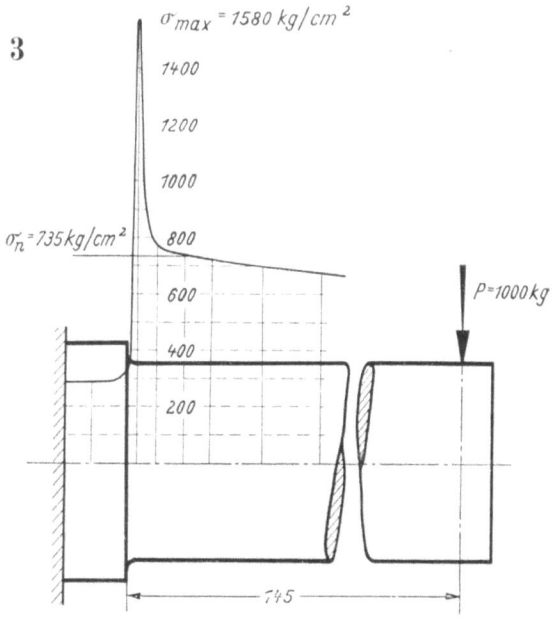

Zeichn.: MPA, E. Lehr

Verlauf der Spannungen in der Hohlkehle einer abgesetzten Welle, die durch eine am Ende angreifende Einzellast belastet ist

Die Messungen wurden von der Abteilung Maschinenbau des Staatlichen Materialprüfungsamtes Berlin-Dahlem im Auftrage des Germanischen Lloyd durchgeführt. Veröffentlichung ist in Vorbereitung

Modell zur Veranschaulichung der **Spannungsverteilung in einem Schäkel** bei zwei verschiedenen Belastungszuständen

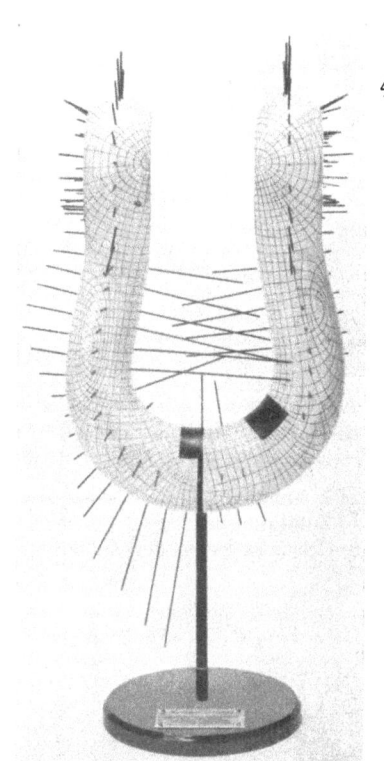

Aufn.: MPA, E. Lehr

Bildgruppe C II
Dynamische Dehnungsmessungen zur Ermittlung der in raschbewegten Maschinenteilen auftretenden Kräfte und Spannungen

1

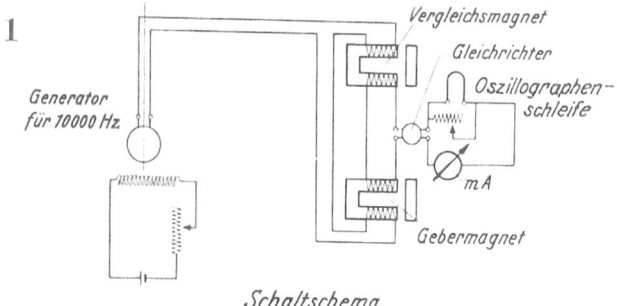

Schaltschema für den dynamischen Dehnungsmesser von E. Lehr

2

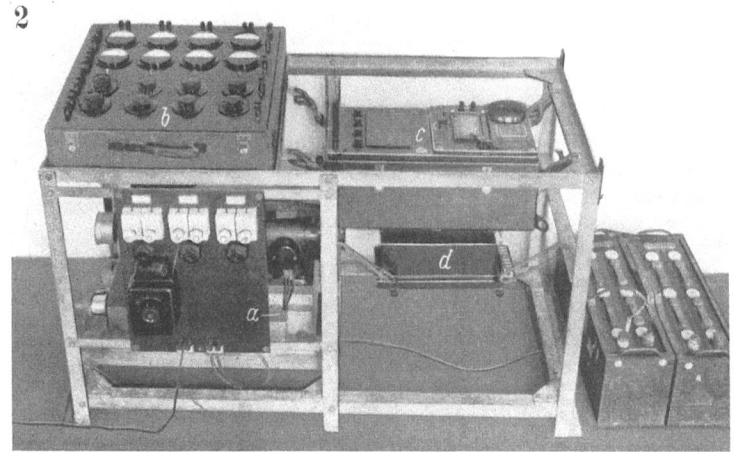

Meßanlage des dynamischen Dehnungsmessers von E. Lehr für vier Meßstellen

a) Einphasen-Wechselstrom-Generator für 10000 Hz c) Oszillograph
b) Schaltkasten   d) Zeitgeber

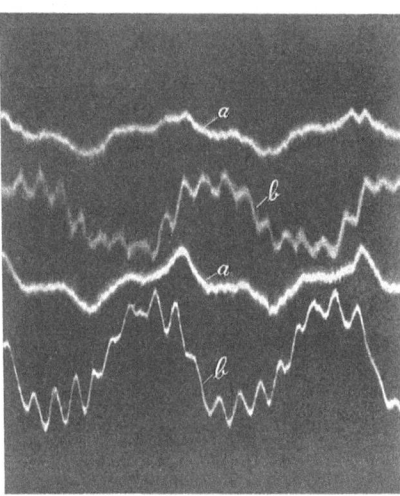

Beispiel eines Oszillogramms der dynamischen Dehnungsmessungen an der Pleuelstange einer Lokomotive bei 60 km/std Fahr-Geschwindigkeit

a) Aufzeichnung der am Steg der Pleuelstange angesetzten zwei Dehnungsmesser
b) Aufzeichnung der auf den Flanschen der Pleuelstange angesetzten zwei Dehnungsmesser

Man erkennt die starken Biege-Beanspruchungen und die darüber gelagerten Eigenschwingungen der Pleuelstange

4

Anordnung der dynamischen Dehnungsmesser und der Leitungszuführung auf der Pleuelstange einer Lokomotive

a) Dehnungsmesser mit 50 mm Meßstrecke
b) Zuführungsleitung
c) Gelenkstellen in der Zuführungsleitung

Bildgruppe C III
Dauerbiege-Festigkeit von Maschinenteilen

A. Beispiele von Dauerbrüchen

Aufn.: MPA, E. Lehr

Dauerbiegebruch im Kegelsitz der **Hinterachswelle eines Personen-Kraftwagens**

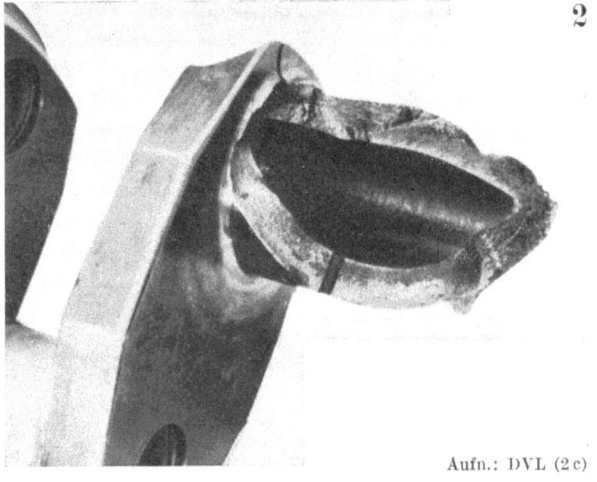

Aufn.: DVL (2c)

Drehschwingungsbruch in der **Kurbelwelle eines Flugzeugmotors**

B. Einfluß von Werkstoff, Werkstück-Größe und -Form auf die Dauerhaltbarkeit

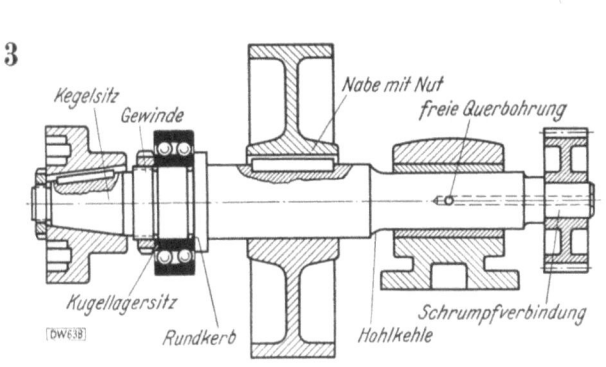

Zeichn.: MPA, E. Lehr

Formelemente der Welle

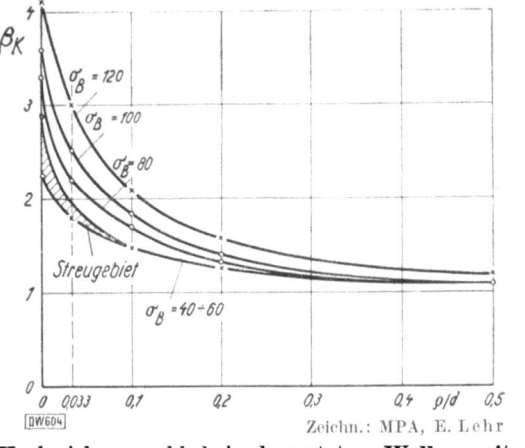

Zeichn.: MPA, E. Lehr

Kerbwirkungszahl bei **abgesetzten Wellen mit Hohlkehlen** bei $D/d = 2$

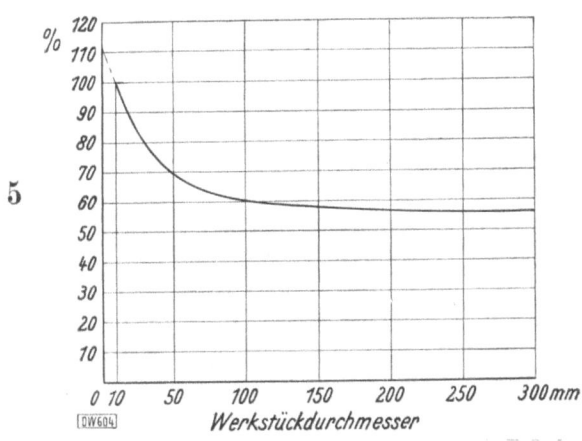

Zeichn.: MPA, E. Lehr

Voraussichtlicher mittlerer Verlauf für die **Abhängigkeit** der **Dauerbiege-Festigkeit** vom **Durchmesser** des **Werkstücks**

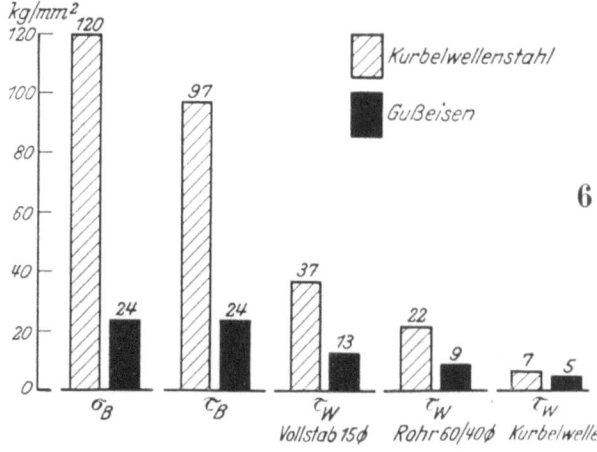

Zeichn.: DVL (2c)

Vergleich der **Dauer-Festigkeit** von Kurbelwellen üblicher Ausführung aus hochwertigem Stahl und aus Gußeisen mit den Festigkeitseigenschaften des Werkstoffs

Rö 52/1   Ma 42/1

Lagerstelle einer Drehspindel aus Cr-Ni-Stahl (EN 15)

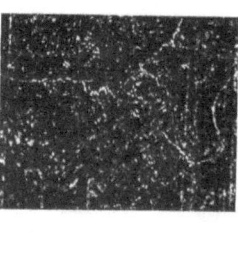

a) vor dem Magnetisieren

b) nach dem Magnetisieren (700 A Wechselstrom-Durchflutung)

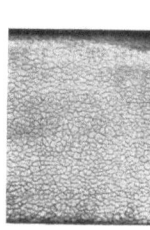

c) Teilaufnahme M. 1 : 1 des Magnetbildes

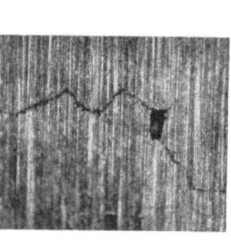

d) Mikroaufnahme M. 1 : 100 der geätzten Oberfläche zeigt Risse und Ausbrechungen

e) Mikroaufnahme M. 1 : 300 der geätzten Oberfläche zeigt Zementitadern an den Korngrenzen

Magnet-Pulver-Prüfung einer Drehspindel

Durch Einsatz-Kohlung traten an den Korngrenzen Zementitausscheidungen auf, die beim nachfolgenden Bearbeiten der Oberfläche teilweise ausgerissen wurden.

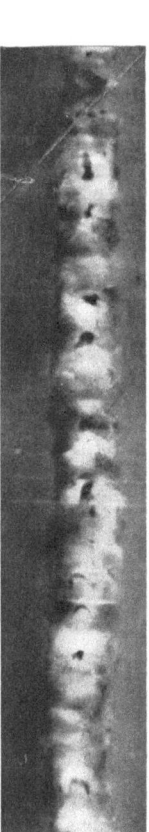

a) Grobe Schlacken in einem stehend geschweißten Stegblech aus Stahl 37. Die von der Ummantelung der Elektrode herrührende Schlacke wurde beim Schweißen der einzelnen Lagen nicht sorgfältig entfernt.

b) Feine Schlackenzeilen in einem abgewulsteten Stegblechstoß aus Stahl 52. Durch Verwendung eines U-förmigen Meißels beim Vorbereiten der Gegenschweißung entstanden senkrechte Bundeflächen, an denen sich Schlacken ablagerten

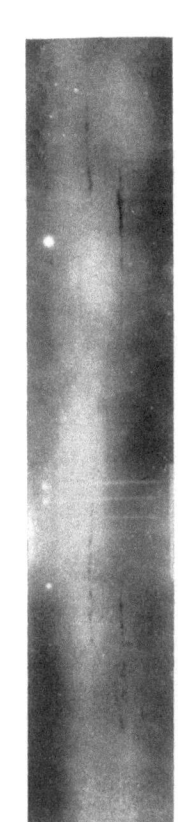

c) Feine Schlackenzeilen in einem nicht abgewulsteten Stegblechstoß aus Stahl 52. Fehlerursache wie bei b.

d) Grobe Schlacken und Schlackenzeilen in einer elektrisch geschweißten Kelchnaht aus Stahl 52. Die Schlacken liegen in der überkopf geschweißten V-förmig vorbereiteten Gegennaht als Folge ungenügender Beherrschung des Überkopf-Schweißens durch den ausführenden Schweißer.

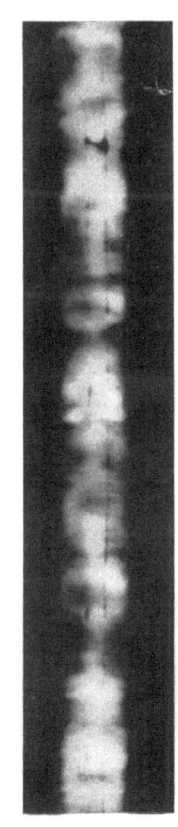

e) Durchgehendes Schlackenband in einer Stegblechnaht aus Stahl 37. Zu einer unzweckmäßigen Vorbereitung der Gegenschweißung wie bei b und c tritt die Wirkung ungleicher Ummantelung der benutzten Elektrode.

Schlacken und Schlackenzeilen in elektrisch geschweißten X- und Kelchnähten

Verkleinerte Probe-Bildtafeln (Original-Format 252 × 344 mm) *aus Berthold, Atlas der zerstörungsfreien Prüfverfahren*

Vorankündigung mit Subskriptions-Angebot!

Atlas der zerstörungsfreien Prüfverfahren

HERAUSGEGEBEN VON
DR. ING. R. BERTHOLD

LEITER DER REICHS-RÖNTGENSTELLE BEIM STAATLICHEN MATERIALPRÜFUNGSAMT BERLIN-DAHLEM

Gesamtpreis einschließlich Einbanddecke RM 220.—

Subskriptionspreis   **RM 186.—**

Gültig bis 6 Wochen nach Erscheinen der 1. Lieferung

Mit der technischen Entwicklung

Hand in Hand wächst die Ausnutzung der verwendeten Werkstoffe. Dadurch werden Werkstoffehler zu Gefahrenquellen, die man früher unter Berücksichtigung der hohen Sicherheitszuschläge vernachlässigen konnte. Diese Erkenntnis führte zur Einführung der zerstörungsfreien Prüfverfahren, die heute aus Fertigung und Abnahme nicht mehr wegzudenken sind.

Der Atlas der zerstörungsfreien Prüfverfahren soll eine erste und umfassende Darstellung der zerstörungsfreien Prüfverfahren sein, aufbauend auf den Erfahrungen von Dr. Berthold, der an der Entwicklung und Anwendung der zerstörungsfreien Werkstoffprüfung hervorragend beteiligt ist. Um der raschen Entwicklung auf dem Gebiet der zerstörungsfreien Werkstückprüfung folgen zu können, wird der Atlas als Ringbuch mit Nachlieferungen der jeweils neuesten Ergebnisse aus Forschung und Anwendung der zerstörungsfreien Prüfverfahren geliefert. Die Einordnung der Tafeln erfolgt nach der auf Seite 4 angegebenen Gesamtgliederung. In einigen Texttafeln werden die Grundlagen und die technischen Hilfsmittel der Verfahren beschrieben; zahlreiche Bildtafeln mit kurzen Erläuterungen zeigen die Anwendung der zerstörungsfreien Prüfverfahren und lehren das Lesen der gewonnenen Befunde. Man wird das letztere besonders begrüßen, weil nur dadurch die Möglichkeit einer gründlichen Einarbeit in das behandelte Gebiet gegeben wird.

JOHANN AMBROSIUS BARTH / VERLAG / LEIPZIG

Atlas der zerstörungsfreien Prüfverfahren

Gliederung

Obergruppen:	Röntgen-Durchstr.	Gamma-Durchstr.	Magnet-pulver-Prüfung	Magnet-induktiv. Prüfung			Nach Bedarf weitere Gruppen
Kennzeichen:	Rö	Ga	Ma	Ind			
Mittelgruppen:	Grundlagen	Techn. Hilfsmittel	Gegossene Werkstücke	Verformte Werkstücke	Werkstück-Verbdgen.	Füllkörper	Nach Bedarf weitere Gruppen
Kennziffern: (in Zehnerreihe)	1	2	3	4	5	6	—
Untergruppen:	Leichtmetalle	Eisenlegierungen	Nichteisenmetalle	Beton-u. keramisch. Massen	Kunst-u. Isolierstoffe		Nach Bedarf weitere Gruppen
Kennziffern: (in Einerreihe)	1	2	3	4	5		—

Tafelnummern innerhalb der Gruppen fortlaufend nach Lieferung.

1. Beispiel: Die erste Tafel mit Röntgenaufnahmen von Stahlschweißungen erhält die Bezeichnung:
Rö (Röntgen-Durchstrahlung)
5 (Werkstück-Verbindungen)
2 (Eisenlegierungen)
1 (1. Tafel dieser Gruppe)
also: **Rö 521.**

2. Beispiel: Die erste Tafel mit Magnetpulver-Aufnahmen von Stahlwellen erhält die Bezeichnung:
Ma (Magnetpulver-Prüfung)
4 (verformte Werkstücke)
2 (Eisenlegierungen)
1 (1. Tafel dieser Gruppe)
also: **Ma 421.**

Der Gesamtplan

Umfang. Etwa 120 S. Text, etwa 120 einseit. bedruckte Bildtafeln m. kurzen Erläuterungen.
Erscheinungsweise. Voraussichtlich 4 Lieferungen. Lieferung 1 erscheint Ende 1937, bis Ende Frühjahr 1939 soll der Atlas vollständig vorliegen.
Gliederung. Siehe obenstehende Aufstellung.
Format und Einband. Größe der Tafeln 252×344 mm, der Einbanddecke 270×350 mm. Die Decke enthält ein Ringsystem zum Einhängen der Tafeln, die deshalb nach Erscheinen an die ihnen nach der Gliederung zukommende Stelle eingefügt werden können.
Preis. Gesamtpreis einschließlich Einbanddecke RM 220.—. Subskriptionspreis bis 15. November 1937 RM 186.—. Der Preis wird bei Erscheinen der einzelnen Lieferungen anteilig nach der Zahl der darin enthaltenen Tafeln berechnet.

Lieferung 1

Umfang. 24 Seiten Text und 24 Tafeln. Die Einbanddecke in Lose-Blatt-Ordner-Form wird mit der 1. Lieferung zugestellt. Deshalb ist der
Preis für diese Lieferung im Vergleich zur Gesamtberechnung höher als der anteilige Preis der weiteren Lieferungen. Er beträgt für Lieferung 1 RM 52.—.
Subskriptionspreis, falls bis zum 15. November 1937 bestellt, RM 42.—.
Der Kauf der 1. Lieferung verpflichtet zur Abnahme des gesamten Werkes. Einzelne Lieferungen oder einzelne Tafeln können nicht abgegeben werden.
Ausgabe. Ende 1937. **Inhalt.** Röntgen- und Magnet-Pulver-Verfahren.

Das Werk ist durch jede Buchhandlung zu beziehen

JOHANN AMBROSIUS BARTH / VERLAG / LEIPZIG

If you have any concerns about our products,
you can contact us on
ProductSafety@springernature.com

In case Publisher is established outside the EU,
the EU authorized representative is:
Springer Nature Customer Service Center GmbH
Europaplatz 3, 69115 Heidelberg, Germany

Printed by Libri Plureos GmbH
in Hamburg, Germany